ユーキャンの

第4版

乙種危険物第4類取扱者予想問題集

■おことわり

危険物の性状にかかわる数値等は、文献により若干異なる場合があります。

■本書における科目の順番について

本書の科目の順番は「学びやすさ」という観点から、実際の試験の科目順とは異なっています。

ユーキャンがよくわかる! その理由

重要問題を厳選! 合格ライン突破への120問

重点分野ごとに、的確にポイントをとらえた問題を分野別に掲載しているので、効率よく学習を進めることができます。

特に大事な問題には重要マークつき
重要

充実解説で出題の意図がわかる、応用力が身につく!

■すべての問題をくわしく解説

問題を解いても、それだけで終わってしまっては効果が出ません。本書では、すべての問題にわかりやすい解説がついており、それを読むことでより理解が深まります。

■出題のポイントがすぐわかる

解説の冒頭には、出題の意図と重要ポイントをさっと確認できる「ここがPOINT!」コーナーを掲載。イラスト、図表も豊富で楽しく学習できます。

ここがPOINT!

酸化反応	還元反応
酸素と結びつく	酸素を失う
水素を失う	水素と結びつく

■『速習レッスン』の該当ページ数を表示

各問題ごとに、ユーキャンの『乙種第4類危険物取扱者　速習レッスン 第5版』の該当ページを表示しています。

要点チェックがまとめてできる!

横断的な暗記事項は「分野別まとめて要点Check」編におまかせ!
いつでもさっと確認して重要事項をマスターできます。

予想模擬試験4回分(140問)を収録

実際の試験に即した問題構成・体裁・解答方法で、本試験をシミュレーションできる予想模擬試験をたっぷり4回分!

本書の使い方

乙子先生

「3ステップ学習法」で、
合格目指して効率よく学習しましょう。

シローくん

一緒に頑張りましょう!

ステップ 1 分野別重点問題を解く

厳選された問題を解きながら、分野ごとの重点を効率よく理解します。

分野ごとの重点を押さえた問題ばかりです。
特に大事な問題には、「重要」マークがついています。

学習の理解を助けるくわしい解説が、1問ごとについています。
冒頭の「ここがPOINT!」で問題の要点を確認できます。

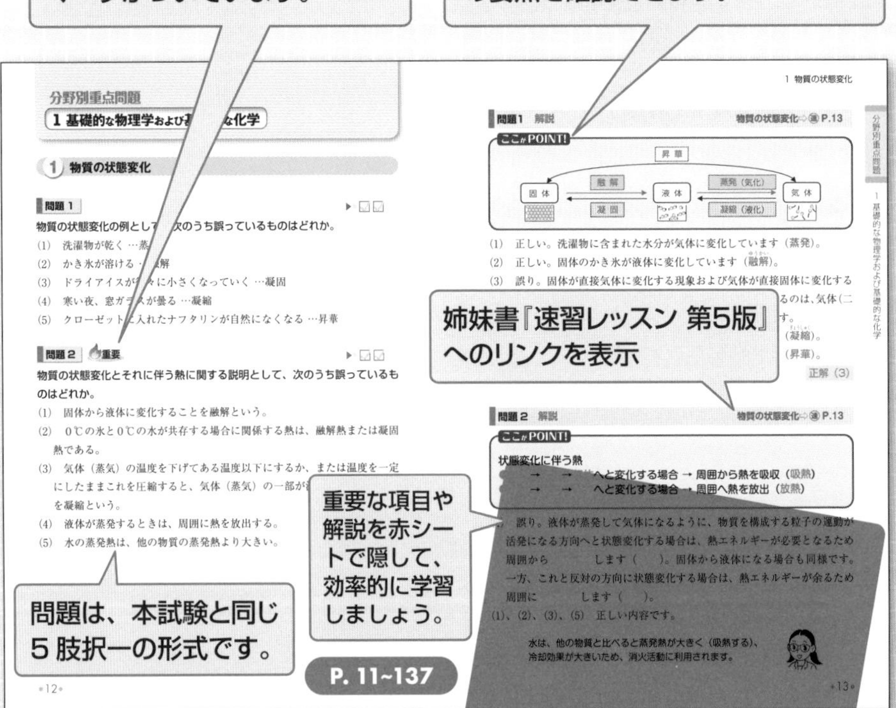

分野別重点問題
1 基礎的な物理学および基　な化学

1 物質の状態変化

問題 1

物質の状態変化の例として　次のうち誤っているものはどれか。

(1) 洗濯物が乾く …蒸
(2) かき氷が溶ける …　解
(3) ドライアイスが　々に小さくなっていく …凝固
(4) 寒い夜、窓ガラ　が曇る …凝縮
(5) クローゼット　入れたナフタリンが自然になくなる …昇華

問題 2 重要

物質の状態変化とそれに伴う熱に関する説明として、次のうち誤っているものはどれか。

(1) 固体から液体に変化することを融解という。
(2) 0℃の氷と0℃の水が共存する場合に関係する熱は、融解熱または凝固熱である。
(3) 気体（蒸気）の温度を下げてある温度以下にするか、または温度を一定にしたままこれを圧縮すると、気体（蒸気）の一部が　を凝縮という。
(4) 液体が蒸発するときは、周囲に熱を放出する。
(5) 水の蒸発熱は、他の物質の蒸発熱より大きい。

•12•

1 物質の状態変化

問題1 解説　物質の状態変化⇨速 P.13

ここがPOINT!

(1) 正しい。洗濯物に含まれた水分が気体に変化しています（蒸発）。
(2) 正しい。固体のかき氷が液体に変化しています（融解）。
(3) 誤り。固体が直接気体に変化する現象および気体が直接固体に変化する　るのは、気体（二　す。　（凝縮）。　（昇華）。

正解 (3)

問題2 解説　物質の状態変化⇨速 P.13

ここがPOINT!

状態変化に伴う熱
→ → へと変化する場合 → 周囲から熱を吸収（吸熱）
→ → へと変化する場合 → 周囲へ熱を放出（放熱）

(4) 誤り。液体が蒸発して気体になるように、物質を構成する粒子の運動が活発になる方向へと状態変化する場合は、熱エネルギーが必要となるため周囲から　します（　）。固体から液体になる場合も同様です。一方、これと反対の方向に状態変化する場合は、熱エネルギーが余るため周囲に　します（　）。
(1)、(2)、(3)、(5) 正しい内容です。

水は、他の物質と比べると蒸発熱が大きく（吸熱する）、冷却効果が大きいため、消火活動に利用されます。

•13•

分野別重点問題　1 基礎的な物理学および基礎的な化学

姉妹書『速習レッスン 第5版』へのリンクを表示

重要な項目や解説を赤シートで隠して、効率的に学習しましょう。

問題は、本試験と同じ5肢択一の形式です。

P. 11~137

ステップ

2 分野別まとめて要点 Check で復習する

図や表を中心にしてわかりやすくまとめた解説で、
分野ごとのポイントを復習します。
試験直前の学習にも役立ちます。

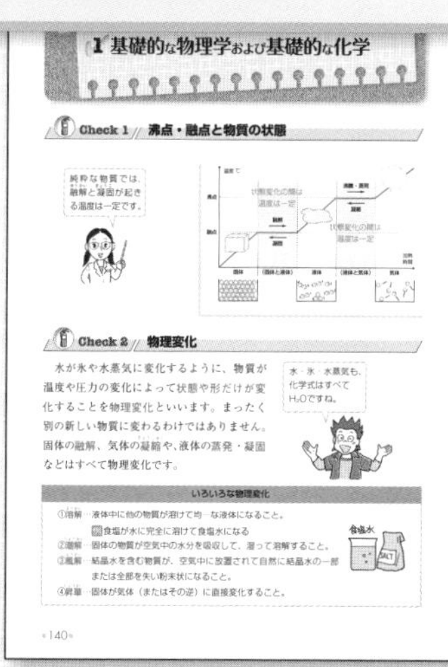

1 基礎的な物理学および基礎的な化学

Check 1 沸点・融点と物質の状態

Check 2 物理変化

水が氷や水蒸気に変化するように、物質が温度や圧力の変化によって状態や形だけが変化することを物理変化といいます。まったく別の新しい物質に変わるわけではありません。固体の融解、気体の凝縮や、液体の蒸発・凝固などはすべて物理変化です。

いろいろな物理変化

①溶解…液体中に他の物質が溶けて均一な液体になること。
例 食塩が水に完全に溶けて食塩水になる
②潮解…固体の物質が空気中の水分を吸収して、湿って溶解すること。
③風解…結晶水を含む物質が、空気中に放置されて自然に結晶水の一部または全部を失い粉末状になること。
④昇華…固体が気体（またはその逆）に直接変化すること。

140

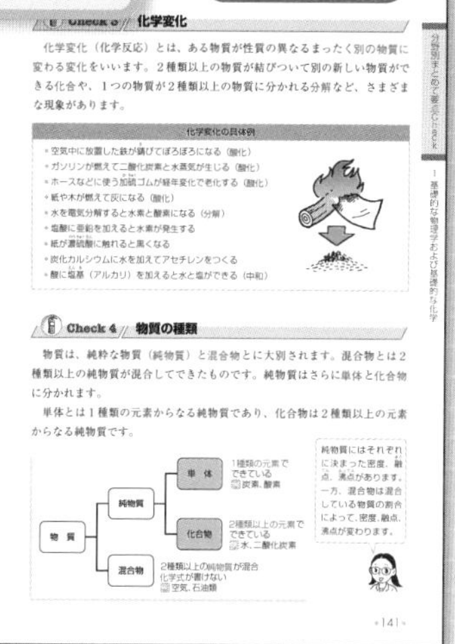

Check 3 化学変化

化学変化（化学反応）とは、ある物質が性質の異なるまったく別の物質に変わる変化をいいます。2種類以上の物質が結びついて別の新しい物質ができる化合や、1つの物質が2種類以上の物質に分かれる分解など、さまざまな現象があります。

化学変化の具体例

- 空気中に放置した鉄が錆びてぼろぼろになる（酸化）
- ガソリンが燃えて二酸化炭素と水蒸気が生じる（酸化）
- ホースなどに使う加硫ゴムが経年変化で老化する（酸化）
- 紙や木が燃えて灰になる（酸化）
- 水を電気分解すると水素と酸素になる（分解）
- 塩酸に亜鉛を加えると水素が発生する
- 紙が濃硫酸に触れると黒くなる
- 炭化カルシウムに水を加えてアセチレンをつくる
- 酸に塩基（アルカリ）を加えると水と塩ができる（中和）

Check 4 物質の種類

物質は、純粋な物質（純物質）と混合物とに大別されます。混合物とは2種類以上の純物質が混合してできたものです。純物質はさらに単体と化合物に分かれます。

単体とは1種類の元素からなる純物質であり、化合物は2種類以上の元素からなる純物質です。

141

分野別まとめて要点Check　1 基礎的な物理学および基礎的な化学

ステップ

3 予想模擬試験で仕上げ

実践形式の、4回分・140問の予想模擬試験で、受験学習の仕上げをします。

詳しい解説でよくわかる

予想模擬試験 第3回

予想模擬試験　第3回

■危険物に関する法令

問題1　消防法別表第一の危険物の説明として、次のうち正しいものはどれか。
(1) 甲種、乙種、丙種の3種類に分類されている。
(2) 常温（20℃）において、固体、液体または気体のものがある。
(3) 第1類から第6類に分類されている。
(4) 類が増すごとに危険性が大きくなっていく。
(5) 特に危険が大きいものは、特類に分類されている。

問題2　法令上、次の文の（　）内のA～Dに入る語句の組合せとして、正しいものはどれか。
「（ A ）以上の危険物は、貯蔵所以外の場所でこれを貯蔵し、または製造所、貯蔵所および取扱所以外の場所でこれを取り扱ってはならない。ただし、（ B ）の承認を受ければ、（ A ）以上の危険物を（ C ）の期間に限り、（ D ）または取り扱うことができる。」

	A	B	C	D
(1)	指定数量	所轄消防長または消防署長	1カ月以内	仮に貯蔵し
(2)	100L	市町村長等	1週間以内	仮に使用し
(3)	指定数量	市町村長等	10日間以内	仮に貯蔵し
(4)	指定数量	所轄消防長または消防署長	10日間以内	仮に貯蔵し
(5)	100L	都道府県知事	1カ月以内	仮に使用し

問題3　法令上、次のA～Cの危険物を同一の貯蔵所で貯蔵する場合、指定数量の倍数の合計はいくらになるか。

	指定数量	貯蔵量
A	200L	100L
B	400L	800L
C	1,000L	

(1) 1.5倍　(2) 3.0倍　…　7.5倍

別冊

25

第3回

問題はリアルに力試しできる別冊タイプ。解答／解説と並べて見比べられるから見直ししやすい。

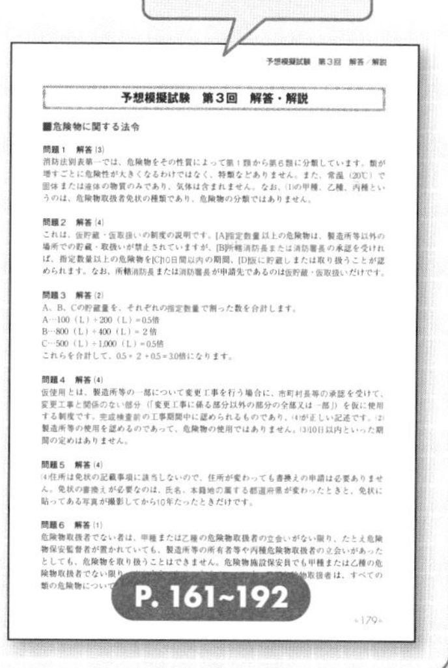

予想模擬試験 第3回 解答／解説

予想模擬試験　第3回　解答・解説

■危険物に関する法令

問題1　解答 (3)
消防法別表第一では、危険物をその性質によって第1類から第6類に分類しています。類が増すごとに危険性が大きくなるわけではなく、特類などありません。また、常温（20℃）で固体または液体の物質のみであり、気体は含まれません。なお、(1)の甲種、乙種、丙種というのは、危険物取扱者免状の種類であり、危険物の分類ではありません。

問題2　解答 (4)
これは、仮貯蔵・仮取扱いの制度の説明です。[A]指定数量以上の危険物は、製造所等以外の場所での貯蔵・取扱いが禁止されていますが、[B]所轄消防長または消防署長の承認を受ければ、指定数量以上の危険物を[C]10日間以内の期間、[D]仮に貯蔵しまたは取り扱うことが認められます。なお、所轄消防長または消防署長が申請先であるのは仮貯蔵・仮取扱いだけです。

問題3　解答 (2)
A、B、Cの貯蔵量を、それぞれの指定数量で割った数を合計します。
A…100（L）÷200（L）=0.5倍
B…800（L）÷400（L）=2倍
C…500（L）÷1,000（L）=0.5倍
これらを合計して、0.5+2+0.5=3.0倍になります。

問題4　解答 (4)
仮使用とは、製造所等の一部について変更工事を行う場合に、市町村長等の承認を受けて、変更工事と関係のない部分（「変更工事に係る部分以外の部分の全部又は一部」）を仮に使用する制度です。完成検査前の工事期間中に認められるものであり、(4)が正しい記述です。(2)製造所等の使用を認めるのであって、危険物の使用ではありません。(3)10日以内といった期間の定めはありません。

問題5　解答 (4)
(4)住所は免状の記載事項に該当しないので、住所が変わっても書換えの申請は必要ありません。免状の書換えが必要なのは、氏名、本籍地の属する都道府県が変わったときと、免状に貼ってある写真が撮影してから10年たったときだけです。

問題6　解答 (1)
危険物取扱者でない者は、甲種または乙種の危険物取扱者の立会いがない限り、たとえ危険物保安監督者が置かれていても、製造所等の所有者等や丙種危険物取扱者の立会いがあったとしても、危険物を取り扱うことはできません。危険物施設保安員でも甲種または乙種の危険物取扱者でない限り…物取扱者は、すべての類の危険物について…

179

目次

本書の使い方……………………………………………………… 4

乙種第4類危険物取扱者試験について ………………………… 7

科目別にみる試験のポイント ………………………………… 9

1 分野別重点問題

まず、重点を理解する!

1 基礎的な物理学および基礎的な化学……………………………11

2 危険物の性質ならびにその火災予防および消火の方法 …………59

3 危険物に関する法令…………………………………………91

2 分野別まとめて要点 Check

次に、ポイントを復習する!

1 基礎的な物理学および基礎的な化学………………………… 140

2 危険物の性質ならびにその火災予防および消火の方法 ……… 147

3 危険物に関する法令……………………………………… 150

3 予想模擬試験

仕上げは4回の予想模試!

予想模擬試験　第1回　解答解説 ……………………………… 162

予想模擬試験　第2回　解答解説 ……………………………… 170

予想模擬試験　第3回　解答解説 ……………………………… 178

予想模擬試験　第4回　解答解説 ……………………………… 186

■元素の周期表………………………………………………… 193

〈別冊〉　予想模擬試験　問題

解答カード

3ステップの学習法で、あきることなく実力アップ!

乙種第4類危険物取扱者試験について

1 危険物取扱者とは

危険物取扱者は、“燃焼性の高い物品”として消防法で規定されているガソリン・灯油・軽油・塗料等の危険物を、大量に「製造・貯蔵・取扱い」する各種施設で必要とされる**国家資格**です。

ひと口に危険物取扱者といっても、資格は「甲種」「乙種」「丙種」の３種類に分けられます。さらに乙種資格は、下の表のように第１類から第６類までの６つに区分され、その類ごとに取扱いできる物品は異なります。

本書が対象とする**乙種第４類**は、主にガソリンスタンドで取り扱う**引火性液体**（ガソリン、灯油、軽油　等）の取扱いが可能なこともあり、各類の中でも**受験者数が最も多い資格**です。

	資格		取扱い可能な危険物
危険物取扱者	甲種		全種類の危険物
	乙種	第１類	塩素酸塩類、過塩素酸塩類、無機過酸化物、亜塩素酸塩類などの酸化性固体
		第２類	硫化りん、赤りん、硫黄、鉄粉、金属粉、マグネシウム、引火性固体などの可燃性固体
		第３類	カリウム、ナトリウム、アルキルアルミニウム、アルキルリチウム、黄りんなどの自然発火性物質および禁水性物質
		第４類	**ガソリン、アルコール類、灯油、軽油、重油、動植物油類などの引火性液体**
		第５類	有機過酸化物、硝酸エステル類、ニトロ化合物、アゾ化合物などの自己反応性物質
		第６類	過塩素酸、過酸化水素、硝酸、ハロゲン間化合物などの酸化性液体
	丙種		ガソリン、灯油、軽油、重油など第４類の指定された危険物

2 乙種第４類危険物取扱者試験について

▶▶▶受験資格

年齢、学歴等の制約はなく、**どなたでも受験できます。**

▶▶▶試験科目・問題数・試験時間

危険物に関する法令	15問	2時間
基礎的な物理学および基礎的な化学	10問	
危険物の性質ならびにその火災予防および消火の方法	10問	

▶▶▶科目免除

すでに乙種のいずれかの類の免状を所持している方が他の乙種の類を受験する場合は、試験科目の「危険物に関する法令」と「基礎的な物理学および基礎的な化学」の全部の問題が免除となります。

▶▶▶出題形式

５つの選択肢の中から正答を１つ選ぶ、**五肢択一**の**マークシート方式**です。

▶▶▶合格基準

試験科目ごとの成績が、**それぞれ60%以上の場合に合格**となります。

※3科目中1科目でも60%を下回ると不合格となります。

▶▶▶試験日

各都道府県で異なり、試験は年に複数回（東京都は毎月）行われています。

試験の詳細、お問い合わせ等

全国の試験情報は、「消防試験研究センター」へ

ホームページ　https://www.shoubo-shiken.or.jp/

※各都道府県の試験日程、受験案内の内容等も確認できます。

電　　話　03-3597-0220（本部）

科目別にみる試験のポイント

1 基礎的な物理学および基礎的な化学

▶▶▶物理学

物質の三態、物理変化、沸騰・沸点、熱量、比熱、熱容量、熱の移動がポイントです。火災の原因にもなる静電気については、静電気の成り立ち、発生しやすい条件、静電気災害の防止についての理解が重要です。

▶▶▶化学

物理変化・化学変化、物質の種類、化学変化の規則性、気体の性質、溶液の濃度、金属の特性と腐食対策がポイントです。酸と塩基については、基本事項からしっかり確認しておきましょう。

▶▶▶燃焼理論

燃焼の定義・種類・難易、燃焼範囲、混合危険、燃焼の３要素、消火の方法、火災の種類、消火剤の種類がポイントです。引火点と発火点は、危険物の具体的な理解にも関連する重要ポイントです。

2 危険物の性質ならびにその火災予防および消火の方法

▶▶▶危険物の分類と第４類危険物

第１類から第６類の危険物の分類と各類ごとの性状、特殊引火物、第１石油類などの第４類危険物の７つの分類、第４類危険物に共通する特性・火災予防方法・消火方法がポイントです。

その上で、第４類危険物の７つの分類のそれぞれについての細かな理解がポイントになります。個々の物品としては、以下のものが重要です。

特殊引火物のジエチルエーテル、二硫化炭素。第１石油類のガソリン。アルコール類のメタノール、エタノール。第２石油類の灯油、軽油。第３石油類の重油。

▶▶▶第４類以外の危険物

各類ごとの大まかな性状の理解がポイントです。

3 危険物に関する法令

▶▶▶危険物に関わる法令と各種申請

危険物の定義、指定数量、申請、仮使用、仮貯蔵・仮取扱い、届出、危険物取扱者、免状、保安講習、危険物保安監督者、危険物施設保安員、危険物保安統括管理者、定期点検、予防規程がポイントです。

▶▶▶製造所等の構造・設備の基準

保安距離、保有空地、屋外貯蔵所の位置の基準、屋外貯蔵所で貯蔵・取扱いができる危険物、屋外タンク貯蔵所の防油堤、地下タンク貯蔵所・移動タンク貯蔵所・給油取扱所の基準がポイントです。

▶▶▶貯蔵・取扱いの基準

標識、掲示板、貯蔵・取扱いの基準、運搬の基準、移送の基準、許可の取消し、使用停止命令がポイントです。

分野別重点問題 1

基礎的な物理学および基礎的な化学

ここでは、「基礎的な物理学および基礎的な化学」の厳選された44の問題とその解説を掲載しています。

各問の解説の「ここがPOINT!」を参考に、1問1問をしっかり理解しながら、試験に向けた問題演習＆基礎固めを進めましょう。

分野別重点問題

1 基礎的な物理学および基礎的な化学

1 物質の状態変化

問題 1

物質の状態変化の例として、次のうち誤っているものはどれか。

(1)　洗濯物が乾く …蒸発

(2)　かき氷が溶ける …融解

(3)　ドライアイスが徐々に小さくなっていく …凝固

(4)　寒い夜、窓ガラスが曇る …凝縮

(5)　クローゼットに入れたナフタリンが自然になくなる …昇華

問題 2 重要

物質の状態変化とそれに伴う熱に関する説明として、次のうち誤っているものはどれか。

(1)　固体から液体に変化することを融解という。

(2)　0℃の氷と0℃の水が共存する場合に関係する熱は、融解熱または凝固熱である。

(3)　気体（蒸気）の温度を下げてある温度以下にするか、または温度を一定にしたままこれを圧縮すると、気体（蒸気）の一部が液化する。この現象を凝縮という。

(4)　液体が蒸発するときは、周囲に熱を放出する。

(5)　水の蒸発熱は、他の物質の蒸発熱より大きい。

問題1 解説

物質の状態変化⇨㊣ P.13

ここがPOINT!

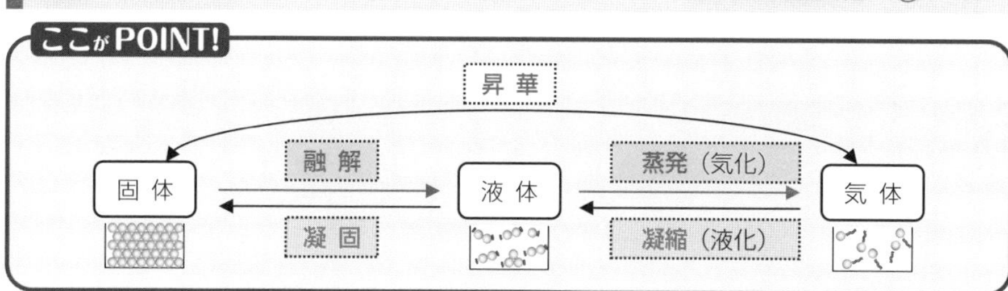

(1) 正しい。洗濯物に含まれた水分が気体に変化しています（蒸発）。

(2) 正しい。固体のかき氷が液体に変化しています（融解(ゆうかい)）。

(3) 誤り。固体が直接気体に変化する現象および気体が直接固体に変化する現象をどちらも昇華(しょうか)といいます。ドライアイスが小さくなるのは、気体（二酸化炭素）に変化することによって体積が減少したためです。

(4) 正しい。室内の水蒸気が水滴（液体）に変化しています（凝縮(ぎょうしゅく)）。

(5) 正しい。固体のナフタリンが直接気体に変化しています（昇華）。

正解（3）

問題2 解説

物質の状態変化⇨㊣ P.13

ここがPOINT!

状態変化に伴う熱

- **固体→液体→気体へと変化する場合 → 周囲から熱を吸収（吸熱）**
- **気体→液体→固体へと変化する場合 → 周囲へ熱を放出（放熱）**

(4) 誤り。液体が蒸発して気体になるように、物質を構成する粒子の運動が活発になる方向へと状態変化する場合は、熱エネルギーが必要となるため周囲から熱を吸収します（吸熱）。固体から液体になる場合も同様です。一方、これと反対の方向に状態変化する場合は、熱エネルギーが余るため周囲に熱を放出します（放熱）。

(1)、(2)、(3)、(5) 正しい内容です。

正解（4）

水は、他の物質と比べると蒸発熱が大きく（吸熱する）、冷却効果が大きいため、消火活動に利用されます。

2 蒸気圧と沸点

問題 1 重要

沸騰と沸点について、次のうち誤っているものはどれか。

(1) 液面だけでなく、液体内部からも気化が激しく起こることを沸騰という。

(2) 液体の飽和蒸気圧が外圧と等しくなるときの液温を沸点という。

(3) 沸点は、加圧すると低くなり、減圧すると高くなる。

(4) 純粋な物質の沸点は、一定圧力のもとではその物質固有の値を示す。

(5) 液体の飽和蒸気圧は、液温の上昇により増大する。

問題 2 重要

蒸気圧と沸点に関する説明として、次のうち正しいものはどれか。

(1) 大気の圧力が低いとき、沸点は高くなる。

(2) 1気圧のもとでは、すべての液体は液温が100℃になると沸騰する。

(3) 純溶媒に不揮発性物質を溶かした溶液の蒸気圧は、純溶媒の蒸気圧よりも高くなる。

(4) 不揮発性物質が溶け込むと、沸点は高くなる。

(5) 純溶媒に不揮発性物質が溶けている溶液と純溶媒の蒸気圧の差は、その溶液の質量モル濃度に反比例する。

問題1　解説

沸騰と沸点⇨㊊ P.16

ここがPOINT!

沸点とは、
液体の飽和蒸気圧　＝　液体にかかる外圧（大気圧）のときの液温
外圧が大きくなると　→　沸点は高くなる
外圧が小さくなると　→　沸点は低くなる

(3)　誤り。加圧によって外圧が高くなれば、それだけ大きな蒸気圧でないと沸騰しないため沸点は高くなり、逆に、減圧すると沸点は低くなります。

(1)、(2)、(4)、(5)　正しい内容です。

正解（3）

液温の上昇により飽和蒸気圧が増大し、この飽和蒸気圧が外圧（大気圧）と等しくなると沸騰がはじまります。

問題2　解説

沸点上昇と凝固点降下⇨㊊ P.68

ここがPOINT!

不揮発性物質が溶けている溶液
溶質の粒子があるので液面に並ぶ溶媒分子が減る
→蒸発する溶媒分子が減る
→蒸気圧が低くなる

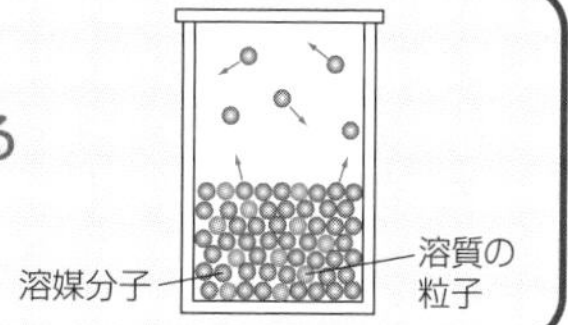

(1)　誤り。大気の圧力が低いときは、沸点は低くなります。

(2)　誤り。沸点は、一定圧力のもとではその物質固有の値を示します。すべての液体が水と同じように100℃で沸騰するわけではありません。

(3)　誤り。不揮発性物質を溶かした溶液では、溶液全体の粒子の数に対する溶媒分子の数の割合が減り、その結果、液面から蒸発する溶媒分子が減るため、純溶媒よりも蒸気圧が低くなります（不揮発性物質は蒸発しない）。

(4)　正しい。(3)で述べたように蒸気圧が低くなるので、蒸気圧が大気圧と等しくなるまでにより多くの熱エネルギーが必要となり、沸点が高くなります。これを沸点上昇といいます。

(5)　誤り。不揮発性物質が溶けている溶液と純溶媒の蒸気圧の差は、溶けている不揮発性物質（溶質）の量が多いほど大きくなります。

正解（4）

3 熱量と比熱

問題1

ある物質 100g を 5℃から 35℃まで上昇させるために、7,560J の熱量を使用した。この物質の比熱は次のうちどれか。

(1)　1.51J/(g·K)

(2)　1.89J/(g·K)

(3)　2.16J/(g·K)

(4)　2.52J/(g·K)

(5)　3.78J/(g·K)

問題2

75℃の銅 500g を 10℃の水に入れたところ、全体の温度が 15℃になった。銅の比熱を 0.40J/(g·K) とすると、銅から出ていった熱量は次のうちどれか。ただし、熱の移動は銅と水の間でのみ行われたものとする。

(1)　2.0×10^3 (J)

(2)　3.0×10^3 (J)

(3)　1.2×10^4 (J)

(4)　1.5×10^4 (J)

(5)　1.7×10^4 (J)

問題1　解説

熱量と比熱⇨㊮ P.29

ここがPOINT!

比熱＝$\dfrac{\text{熱量(J)}}{\text{質量(g)×温度差(℃またはK)}}$　…①

比熱(ひねつ)とは、物質1gの温度を1℃（または1K）上昇させるのに必要な熱量をいいます。単位はJ/(g･℃）またはJ/(g･K)です。

K（ケルビン）とは絶対温度の単位であり、温度が1℃上昇するごとに絶対温度も1Kずつ上昇します。

問題1の比熱を①の式で求めると、温度差は35(℃)−5(℃)＝30（℃）なので、

$$\frac{7{,}560(\mathrm{J})}{100(\mathrm{g})\times 30(℃)}=2.52〔\mathrm{J}/(\mathrm{g}\cdot\mathrm{K})〕$$

正解（4）

問題2　解説

熱量と比熱⇨㊮ P.29

ここがPOINT!

問題1①の式を変形して、
熱量(J)＝比熱×質量(g)×温度差(℃またはK)　…②

物体に熱が与えられるとその物体の温度は上がり、逆に、物体から熱が出ていくとその物体の温度は下がります。

問題2では銅の温度が75℃から15℃に下がっているので、銅から熱が出ていったことがわかります。出ていった熱量は、②の式から求めることができます。温度差は75(℃)−15(℃)＝60(℃)なので、

$$\text{熱量}(\mathrm{J})=0.40\times 500(\mathrm{g})\times 60(℃)=12{,}000=1.2\times 10^{4}(\mathrm{J})$$

正解（3）

4 熱の移動と熱膨張

問題1

熱に関するA～Dまでの記述のうち、正しいものの組合せはどれか。

A　一般に熱伝導率の大きなものほど熱を伝えにくい。

B　固体、液体、気体のうち、一般に気体の熱伝導率が最も小さい。

C　水の熱伝導率は、銀よりも大きい。

D　一般に金属の熱伝導率は、他の固体の熱伝導率に比べて大きい。

(1)　A　B

(2)　A　C

(3)　B　C

(4)　B　D

(5)　C　D

問題2

容積1,000Lのタンク内を満たしているガソリンの液温を16℃から36℃まで上昇させた場合、タンク外に流出するガソリンの量として正しいものは、次のうちどれか。ただし、ガソリンの体膨張率は$1.35\times10^{-3}K^{-1}$とし、タンクの膨張およびガソリンの蒸発は考えないものとする。

(1)　14.8（L）

(2)　21.6（L）

(3)　27.0（L）

(4)　48.6（L）

(5)　70.2（L）

問題1 解説

熱の移動⇨㊣ P.32

ここがPOINT!

- 熱の移動には、伝導（熱伝導）・放射・対流の３種類がある
- 熱伝導率…数値が大きいほど熱が伝わりやすい
- 熱伝導率の大きさの順： 固体 ＞ 液体 ＞ 気体

中身が詰まっているものほど熱が伝わりやすい

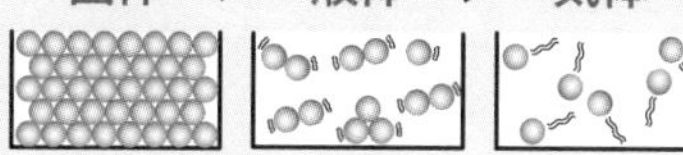

A 誤り。熱伝導率は数値が大きいほど熱を伝えやすいことを意味します。

B 正しい。熱伝導率が最も大きいのは固体です。

C 誤り。水（液体）の熱伝導率は、銀（固体）の熱伝導率よりも小さくなります。

D 正しい。固体の中でも金属の熱伝導率は非金属（木・コンクリートなど）と比べて格段に大きくなります。

正解（4）

熱伝導率が大きい物質は、熱を伝えやすいため、熱の蓄積が起こりにくいことを理解しておきましょう。

問題２ 解説

熱膨張⇨㊣ P.33

ここがPOINT!

- 熱膨張によって増加する体積＝元の体積×体膨張率×温度差…①
- 体膨張率の大きさの順： 気体 ＞ 液体 ＞ 固体

中身が詰まっていないものほど膨張しやすい

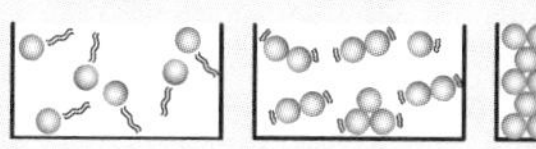

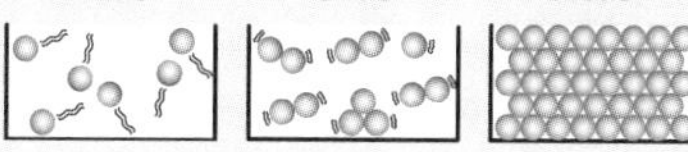

温度が高くなるにつれて物体の長さや体積が増加する現象を熱膨張といいます。体膨張率とは体積が膨張する割合を示す数値で、物質によって異なります。K^{-1}は「１度当たり」という意味です。

問題２では、液温の上昇によって膨張した体積分のガソリンがタンク外に流出するので、①の式で膨張（増加）する体積を求めます。

温度差は36(℃)－16(℃)＝20(℃)なので、

$1{,}000(L) \times 1.35 \times 10^{-3} \times 20(℃) = 27.0(L)$

正解（3）

5 静電気①

問題1 重要

静電気に関する記述として、次のうち誤っているものはどれか。

(1)　電気の不導体を摩擦すると、静電気が発生する。

(2)　導電性の高い物質は、低い物質よりも静電気を蓄積しやすい。

(3)　液体が管内を流動するときは、静電気を生じやすい。

(4)　作業場所の床や靴などの電気抵抗が大きいと、人体の静電気の蓄積量は大きくなる。

(5)　静電気が蓄積すると、放電火花を生じることがある。

問題2 重要

静電気災害の防止に関する説明として、次のうち誤っているものはどれか。

(1)　静電気の蓄積を防ぐため、電気絶縁性の低い材質のものを使用する。

(2)　一般に、合成繊維のほうが綿製品よりも静電気を生じやすい。

(3)　液体が流動する際には流速を制限し、静電気の発生を抑制する。

(4)　接地は、静電気を除去するための有効な手段である。

(5)　静電気の蓄積を防止するためには、湿度を低くしたほうがよい。

問題1　解説

静電気が発生しやすい条件⇨速 P.39

ここがPOINT!

導電性が高い物質＝電気を通しやすい
**　→静電気が発生しにくい**

導電性が低い物質＝電気を通しにくい
**　→静電気が発生しやすい**

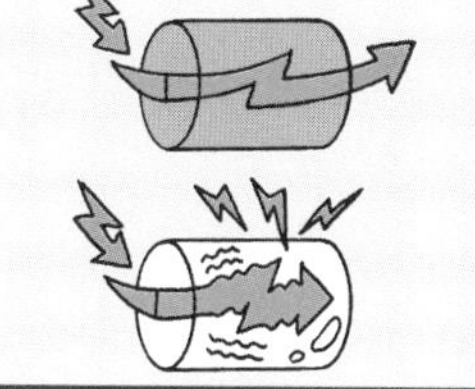

(1)　正しい。電気を通さない不導体（絶縁体）を摩擦すると、表面が電気を帯びるようになります（帯電）。この電気を静電気といいます。

(2)　誤り。導電性の高い物質は静電気が発生・蓄積しにくくなります。

(3)　正しい。液体が管内を流れる際に帯電する現象を流動帯電といいます。

(4)　正しい。導電性の高い物質でも、絶縁状態にして静電気の逃げ道をなくすと帯電が起こります。このため、人体にも静電気が蓄積していきます。

(5)　正しい。静電気が蓄積されてくると、条件によっては放電することがあり、火花を発生します。この放電火花が火災の原因となります。

正解（2）

問題2　解説

静電気災害の防止⇨速 P.39

ここがPOINT!

静電気の防止方法

①電気を通しやすい材質のものを使う　②湿度を高くする
③液体の流速を遅くする　④接地（アース）を施す

(1)　正しい。絶縁性が低いものは電気を通しやすく、静電気が生じにくい。

(2)　正しい。合成繊維は綿などの天然繊維よりも帯電しやすいといえます。

(3)　正しい。静電気の発生量は液体の流速に比例して増えます。

(4)　正しい。導線を使って静電気を地面に逃がします。

(5)　誤り。空気中の水分が多いと、静電気がその水分に移動しやすくなり、蓄積の防止につながります。

電気機器などを大地と電気的に接続することを、接地といいます。

正解（5）

6 静電気②

問題1

静電気に関する記述として、次のうち誤っているものはどれか。

(1)　物体が電気を帯びることを帯電といい、帯電した物体を帯電体という。

(2)　物体に帯電している電気を電荷という。電荷には正の電荷と負の電荷があり、異種の電荷の間には引力がはたらく。

(3)　帯電体に分布している流れのない電気のことを静電気という。

(4)　静電気が帯電すると、その物体の温度は上昇する。

(5)　導体に帯電体を近づけると、導体の帯電体に近い側の表面には帯電体と異種の電荷が現れ、遠い側の表面には同種の電荷が現れる。

問題2

物体が帯電する仕組みについて述べた次の文章の下線部分（A）～（D）のうち、誤っているものの組合せはどれか。

「原子は、(A) 正の電気を持った電子を放出したり取り込んだりすることで電気を帯びることがある。こうして原子が電気を帯びることをイオン化といい、それらの帯電した原子をイオンという。このうち、電子を (B) 放出して正に帯電した原子のことを (C) 陽イオンという。2つの物体間で電子のやり取りが生じると、どちらか一方は電子不足、他方は電子過剰となって帯電することになる。この場合、電気量の総和は (D) 増加する。」

(1)　AとC

(2)　AとD

(3)　BとC

(4)　BとD

(5)　CとD

問題1 解説

静電気とは⇨㊈ P.37

ここがPOINT!

帯電の仕組み
●布は⊖が減少
→正（+）に帯電
●パイプは⊖が増加
→負（−）に帯電

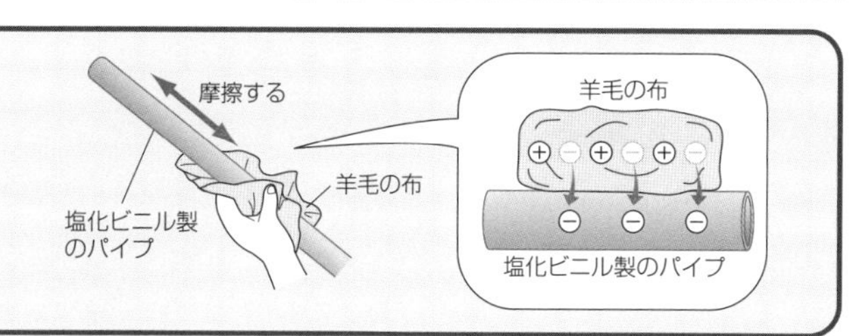

(1)、(2)、(3) は、正しい記述です。

(4)　誤り。静電気が帯電しても、その物体に温度変化は生じません。

(5)　正しい。この現象を**静電誘導**といいます。導体の帯電体に近い側の表面に帯電体と異種の電荷が現れるので、導体を帯電体に近づけると、導体と帯電体は引き合います。

正解（4）

問題2 解説

電子とイオン⇨㊈ P.38

ここがPOINT!

電子は⊖の電気を持っている
●電子⊖を放出した原子
→⊖が減少し、正に帯電（陽イオン）
●電子⊖を取り込んだ原子
→⊖が増加し、負に帯電（陰イオン）

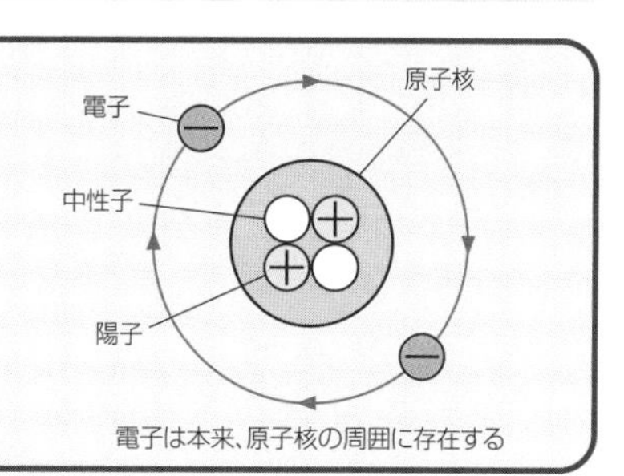

電子は本来、原子核の周囲に存在する

A　誤り。電子は負（−）の電気を持っています。

B　正しい。原子は、電子を**放出**することによって負（−）の電気が減りますが、正（+）の電気は元のままなので、正（+）に帯電します。

C　正しい。電子を放出して正（+）に帯電した原子のことを**陽イオン**といいます。これに対し、電子を取り込んで負（−）に帯電した原子のことを**陰イオン**といいます。

D　誤り。物体間で電子のやり取りが生じても、**電気量の総和は変わらない**ことに注意しましょう。

以上より、誤っているものはAとDの２つです。

正解（2）

7 物質の変化

問題1 重要

物理変化および化学変化に関する説明として、次のうち誤っているものはどれか。

(1) 水素と酸素が結びついて水ができる反応は、化合である。
(2) 酸と塩基によって塩(えん)と水ができる反応を、中和という。
(3) 2種類以上の物質が、化学変化することなく単に混じり合っている場合は、混合という。
(4) 水が水素と酸素に分かれる変化は、分離である。
(5) 炭素が燃焼して二酸化炭素になる反応は、酸化である。

問題2 重要

A〜Eの現象を化学変化と物理変化に分類した場合、次のうち正しいものはどれか。

A ばねが弾性限界で伸びたきりになった。
B ナフタリンが昇華した。
C アルコールが空気中で燃焼した。
D 鉄が錆びてぼろぼろになった。
E 水の中に食塩を入れたら、溶けて食塩水になった。

	化学変化	物理変化
(1)	A D E	B C
(2)	B C E	A D
(3)	B C	A D E
(4)	C D E	A B
(5)	C D	A B E

問題1 解説

物理変化と化学変化⇨㊣ P.42

ここがPOINT!

化学変化…ある物質が、性質の異なるまったく別の物質に変わる変化
〈例〉化合（酸化、燃焼など）、分解、中和

物理変化…物質の形や状態が変わるだけの変化（別の物質にはならない）
〈例〉状態変化（融解、蒸発、昇華など）、混合、分離、溶解、潮解、風解など

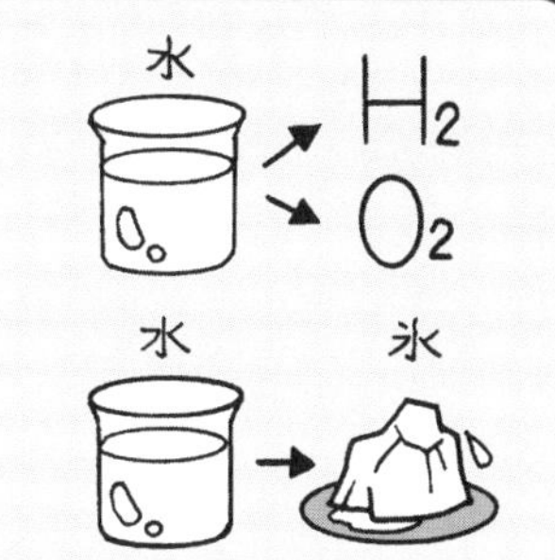

(1)　正しい。化合とは、このように２つ以上の物質が結びついて、まったく別の物質に変わることをいいます。化合は**化学変化**の代表例です。

(2)　正しい。中和とは、**酸**と**塩基**（えんき）から**塩**（えん）と**水**を生じる化学変化をいいます。

(3)　正しい。混合は化合とは異なり、別の物質に変わるわけではないので、化学変化ではなく**物理変化**に分類されます。

(4)　誤り。水が酸素と水素に分かれるのは、**分解**（１つの物質がまったく別の２つ以上の物質に分かれる化学変化）の１つです。

(5)　正しい。燃焼は、ある物質が**熱**と**光**を出しながら**酸素**と激しく結びつく反応であり、**化合**の１つです。

正解（4）

問題２ 解説

物理変化と化学変化⇨㊣ P.42

A　物理変化。ばねの形が変わっただけです。

B　物理変化。昇華（しょうか）や融解（ゆうかい）などの状態変化では、別の物質にはなりません。

C　化学変化。燃焼は酸素と激しく結びつく酸化（化合）です。

D　化学変化。鉄が錆（さ）びるのは、酸素と結びついて**酸化鉄**という別の物質に変化したからです。酸化とは酸素と結びつく**化合**のことです。

E　物理変化。水などの液体（溶媒（ようばい））に物質（溶質）が均一に溶けることを溶解といいます。溶解は混合の１つです。

正解（5）

食塩水などのように、混合によってできたものは**混合物**とよばれます。

8 溶解、潮解、風解など

問題1

潮解の説明として、次のうち正しいものはどれか。

(1) 液体中に他の物質が溶けて、均一な液体になる現象
(2) 固体が周囲の熱を吸収して、液体になる現象
(3) 固体が空気中の水分を吸収して、その水分に溶ける現象
(4) 物質がその中に含む水分（結晶水）を失って、粉末状になる現象
(5) 溶液の温度を下げていくと、溶質の結晶が析出してくる現象

問題 2

混合物の分離と精製の説明として、次のうち誤っているものはどれか。

(1) 蒸留 …… 液体と他の物質との混合物を加熱し、発生した気体を冷却して、これを純粋な液体として取り出すことによって混合物を分離する操作
(2) 分留 …… 2種類以上の液体の混合物を、蒸留によってそれぞれの成分に分離する操作
(3) ろ過 …… 液体とそれに溶けていない固体との混合物を、ろ紙を用いて分離する操作
(4) 抽出 …… 混合物に含まれている物質のうち、目的の物質のみを液体に溶かし出して分離する操作
(5) 再結晶 … 物質によって沸点が異なることを利用して、混合物から目的の物質を結晶として分離する操作

問題1 解説

物理変化⇨速 P.14

ここがPOINT!

- 溶解…液体中に他の物質が溶けて均一な液体になること
- 潮解…固体の物質が空気中の水分を吸収し、その水分に溶解する現象
- 風解…物質がその中に含む結晶水を失って粉末状になる現象

(1) 誤り。これは溶解（ようかい）の説明です。溶解によって得られる均一な液体を溶液といい、物質を溶かした液体を溶媒（ようばい）、溶媒に溶けている物質を溶質といいます。溶媒が水である溶液を特に水溶液といいます。

(2) 誤り。これは融解（ゆうかい）の説明です。融解は、状態変化の１つです。

(3) 正しい。固体の物質が空気中の水分を吸収し、その水分に溶解する現象を潮解（ちょうかい）といいます。

(4) 誤り。これは風解（ふうかい）の説明です。原子やイオンが規則正しく配列している固体を結晶といい、結晶中に一定の割合で含まれている水分を結晶水といいます。

(5) 誤り。これは再結晶の説明です。

正解（3）

問題2 解説

溶液⇨速 P.66

ここがPOINT!

- 溶解度…溶媒 100g に溶解する溶質の最大量 (g)（これ以上は溶けないという限界量）
  ⇒固体の溶解度は一般に溶媒の温度が高くなるほど大きくなる
- 飽和溶液…溶質が溶解度まで溶けている溶液
  ⇒飽和溶液の温度を下げると、溶解度が減少するため、溶解度を超えた量の溶質が結晶となって析出する（再結晶）

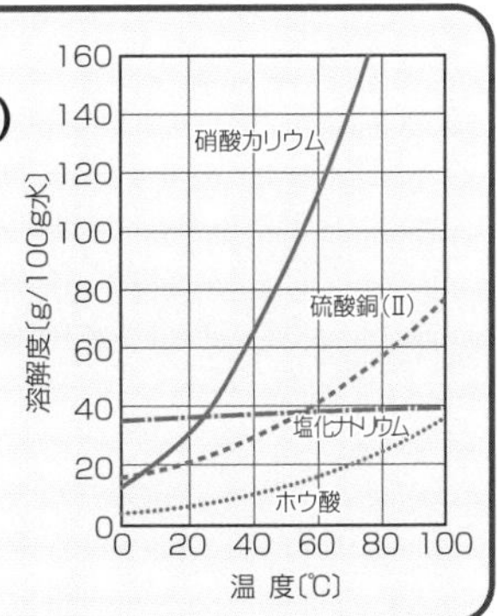

(1)、(2)、(3)、(4) は、正しい説明です。

(5) 誤り。再結晶は、物質の沸点（ふってん）ではなく、溶解度の差を利用して混合物を分離する操作です。溶液の温度を飽和（ほうわ）溶液に達した後もさらに下げることによって、溶質の結晶を析出（せきしゅつ）させます。

正解（5）

9 物質の種類

問題1 重要

単体、化合物および混合物について、次のうち正しいものはどれか。

(1)　ガソリンは、種々の炭化水素の混合物である。

(2)　二酸化炭素は、炭素と酸素の混合物である。

(3)　鉄の錆びは、単体である。

(4)　空気は、酸素や窒素などの化合物である。

(5)　水は、水素と酸素の混合物である。

問題2

用語の説明として、次のうち誤っているものはどれか。

(1)　単体とは、1種類の元素からできている純物質である。

(2)　同素体とは、同じ元素からできていて性質の異なる単体をいう。

(3)　化合物とは、2種類以上の元素が結びついてできた純物質である。

(4)　混合物とは、2種類以上の純物質が互いに化学変化することなく混じり合っている物質である。

(5)　異性体とは、分子式と分子内の構造が同じであって性質の異なる化合物をいう。

問題1 解説

物質の種類⇨㊣ P.43

ここがPOINT!

単　体 … 1種類のみの元素からなる物質
化合物 … 2種類以上の元素からなる物質
（以上2つ：純物質）
混合物 … 2種類以上の純物質が混合した物質

(1)　正しい。ガソリンは、多数の液状炭化水素が混じり合った**混合物**です。

(2)　誤り。二酸化炭素は、炭素と酸素が結びついてできた**化合物**です。

(3)　誤り。鉄の錆(さ)びは酸化鉄という**化合物**であり、単体ではありません。

(4)　誤り。空気は、酸素や窒素などの**混合物**です。

(5)　誤り。水は、水素と酸素が結びついてできた**化合物**です。　**正解（1）**

■単体・化合物・混合物の例

単　体	炭素、酸素、水素、窒素、ナトリウム、鉄、硫黄(いおう)、アルミニウム、黒鉛、オゾン、赤りん　など
化合物	水、二酸化炭素、食塩、メタン、プロパン、エタノール、ベンゼン、アセトン、ジエチルエーテル　など
混合物	空気、石油類（ガソリン、灯油、軽油、重油など）、食塩水、砂糖水、希硫酸(きりゅうさん)（硫酸と水の混合物）　など

問題2 解説

同素体と異性体⇨㊣ P.44

ここがPOINT!

同素体…同じ元素からできている単体だが、原子の結合状態が異なるために化学的性質が異なるもの
異性体…同一の分子式を持つ化合物だが、分子内の構造が異なるために化学的性質が異なるもの

(5)　異性体とは、たとえばノルマルブタンとイソブタンのように、分子式はどちらも同じC_4H_{10}なのに、分子内の構造が異なっている化合物どうしをいいます。よって、「分子内の構造が同じ」としている点で(5)が誤りです。

(1)、(2)、(3)、(4) は、正しい内容です。

なお、同素体では、**黒鉛(こくえん)とダイヤモンド**、**黄りんと赤りん**、**酸素とオゾン**などが例としてあげられます。　**正解（5）**

10 酸化と還元

問題1

次の表のうち、物質 A から物質 B への変化が酸化反応であるものはどれか。

	物質A	物質B
(1)	水	水蒸気
(2)	硫黄	硫化水素
(3)	木炭	一酸化炭素
(4)	黄りん	赤りん
(5)	濃硫酸	希硫酸

問題2 重要

酸化と還元の説明として、次のうち誤っているものはどれか。

(1) 物質が酸素と化合する反応を酸化という。

(2) 化合物が水素を失う反応を酸化という。

(3) 酸化剤は還元されやすい物質である。

(4) 還元剤とは、他の物質を還元し、自らは酸化される物質である。

(5) 同一反応系において、酸化と還元は同時に起こらない。

問題1　解説

酸化と還元⇨㊦速 P.74

ここがPOINT!

酸化反応	還元反応
酸素と結びつく	酸素を失う
水素を失う	水素と結びつく

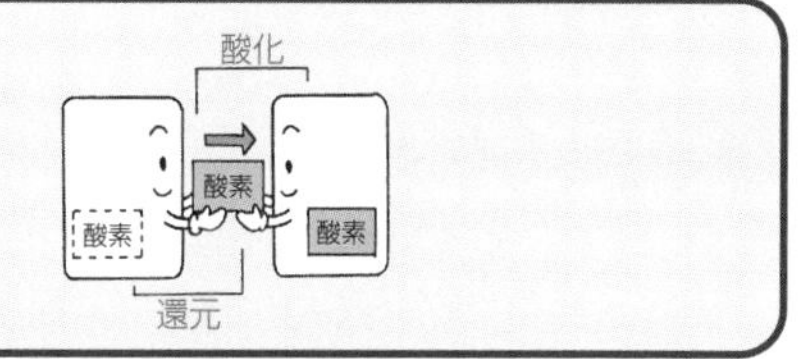

(1)　水が水蒸気になるのは、蒸発という状態変化にすぎません。

(2)　硫黄（いおう）が水素と結びつくと硫化水素になるので、還元（かんげん）反応です。

(3)　酸化反応です。一酸化炭素は木炭が不完全燃焼して、酸素と化合することによって生じる物質です（完全燃焼した場合は二酸化炭素を生じます）。

(4)　黄りんを加熱して、同素体である赤りんに変質しただけの反応です。

(5)　濃硫酸（りゅうさん）に水を混合して希釈（きしゃく）した（薄めた）だけなので、物理変化です。

正解（3）

一般には、酸化とは酸素と化合する反応をいいますが、広い意味では、水素を失う変化も酸化という場合があります。還元は、酸化と逆の反応といえます。

問題2　解説

酸化剤と還元剤⇨㊦速 P.75

ここがPOINT!

酸化剤（相手を酸化させる）	還元剤（相手を還元させる）
相手に酸素を与える	相手から酸素を奪う
相手から水素を奪う	相手に水素を与える
自分は還元される	自分は酸化される

(1)、(2) は、正しい内容です。

(3)　正しい。酸化剤が酸素を与えることによって相手を酸化する場合、自分自身は酸素を失っているので還元されていることになります。

(4)　正しい。還元剤が酸素を奪うことによって相手を還元する場合、自分自身は酸素と結びつくので酸化されていることになります。

(5)　誤り。相手を酸化した物質は自分自身は還元されるので、同一の反応において酸化と還元は同時に起こります（酸化還元反応という）。

正解（5）

11 化学式と化学反応式①

問題1 重要

メタノールが完全燃焼したときの化学反応式として、(　　) 内の a ～ d に当てはまる数字の組合せとして正しいものはどれか。

$(a)CH_3OH+(b)O_2 \rightarrow (c)CO_2+(d)H_2O$

	a	b	c	d
(1)	1	4	2	3
(2)	2	4	2	4
(3)	2	3	2	4
(4)	2	3	2	3
(5)	3	2	3	2

問題1　解説

化学式と化学反応式⇨㊣速 P.54

ここがPOINT!

化学反応式の３つのルール
- **反応する物質を左辺に書き、生成する物質を右辺に書き、両辺を矢印（→）で結ぶ**
- **左辺と右辺で原子の種類と数が同じになるようにする**
  ⇒それぞれの化学式の前に（最も簡単な整数比で）係数をつける
  ⇒係数が１の場合は省略する
- **反応の前後で変化しない物質（触媒など）は、書かない**

両辺の原子の数が合うように正しく係数をつける方法として、**未定計数法**（みていけいすうほう）があります。まず、最初は係数がわからないので、a、b、c、dなどの文字を未知の係数としてつけます。

$$aCH_3OH + bO_2 \rightarrow cCO_2 + dH_2O$$

次に、左辺と右辺で各原子の数が等しくなるように等式をつくり、それらを連立方程式として解きます。

炭素C ⇒ $a \times 1 = c \times 1$　　$\therefore c = a$ …①

水素H ⇒ $a \times 4 = d \times 2$　　$\therefore d = 2a$ …②

酸素O ⇒ $a \times 1 + b \times 2 = c \times 2 + d \times 1$　　$\therefore a + 2b = 2c + d$ …③

①式と②式を、③式に代入すると、

$$a + 2b = 2a + 2a \quad \therefore 2b = 3a \quad \therefore b = \frac{3}{2}a \ \cdots④$$

①式、②式、④式を元の式に代入して、

$$aCH_3OH + \frac{3a}{2}O_2 \rightarrow aCO_2 + 2aH_2O$$

この式の両辺をaで割り、係数を整数にするため両辺に２をかけます。

$$\therefore 2CH_3OH + 3O_2 \rightarrow 2CO_2 + 4H_2O$$

以上より、a＝2、b＝3、c＝2、d＝4 であることがわかります。

未知数が４つあるのに、等式が①～③の３式しかできないため、未知数の比（①、②、④）を求めることになります。

正解（3）

12 化学式と化学反応式②

問題1 重要

プロパン（C_3H_8）22g を完全燃焼させるのに必要な酸素量として、正しいものは次のうちどれか。ただし、原子量はC＝12、H＝1、O＝16 とする。

(1)　44g

(2)　80g

(3)　110g

(4)　160g

(5)　220g

問題1　解説

化学式と化学反応式⇨㊣ P.54

ここがPOINT!

理論酸素量

ある物質（燃料）を完全燃焼させるために必要な酸素の量
⇒燃料1 mol 当たりの酸素量で表すことが多い
（燃料1 kg 当たりの酸素量として表すこともある）

まず、未定計数法によって、プロパンが完全燃焼したときの化学反応式を求めます。

$aC_3H_8 + bO_2 \rightarrow cCO_2 + dH_2O$

次に、左辺と右辺で各原子の数が等しくなるように等式をつくります。

炭素C ⇒ $a \times 3 = c \times 1$　　$\therefore c = 3a$ …①

水素H ⇒ $a \times 8 = d \times 2$　　$\therefore d = 4a$ …②

酸素O ⇒ $b \times 2 = c \times 2 + d \times 1$　　$\therefore 2b = 2c + d$ …③

①式と②式を、③式に代入すると、

$2b = 2 \times 3a + 4a$　$\therefore 2b = 10a$　$\therefore b = 5a$ …④

①式、②式、④式を元の式に代入して、

$aC_3H_8 + 5aO_2 \rightarrow 3aCO_2 + 4aH_2O$

この式の両辺をaで割り、

$C_3H_8 + 5O_2 \rightarrow 3CO_2 + 4H_2O$

プロパンC_3H_8と酸素O_2の係数を見ると、1：5の比で反応していることがわかります。

次に、プロパンの分子式C_3H_8より、
分子量は $(12 \times 3) + (1 \times 8) = 44$

つまり、プロパンは 1mol 当たり44gなので、22gならば 0.5mol です。

上の式より、プロパン 1mol に対して、酸素は 5mol が反応して完全燃焼していることがわかります（理論酸素量は 5mol)。したがって、プロパンが 0.5mol の場合には、酸素は $5\text{mol} \times 0.5 = 2.5\text{mol}$ 反応します。

酸素の分子量は、$16 \times 2 = 32$

つまり、酸素は 1mol 当たり32gなので、2.5mol ならば、
$32\text{g} \times 2.5\text{mol} = 80\text{g}$ となります。

正解（2）

13 反応速度と化学平衡

問題1

一般的な物質の反応速度について、次のうち誤っているものはどれか。

(1)　化学反応が起こるためには、反応する粒子が互いに衝突することが必要であり、この衝突頻度が高くなるほど反応速度は大きくなる。

(2)　反応物の濃度が高いと、反応速度は大きくなる。

(3)　温度を上げると、反応速度は大きくなる。

(4)　固体では、反応物との接触面積が大きいほど反応速度は大きくなる。

(5)　正触媒は、活性化エネルギーを上げることによって、反応速度を大きくしている。

問題2

可逆反応における化学平衡について、次のうち誤っているものはどれか。

(1)　正反応と逆反応が同時に進行する化学反応を、可逆反応という。

(2)　正反応、逆反応の反応速度が互いに等しくなり、見かけ上、反応が停止しているような状態が平衡状態である。

(3)　化学反応が平衡状態にあるとき、ある条件を変化させると、その変化を緩和する方向に平衡が移動する。

(4)　化学反応が平衡状態にあるとき、反応系の温度を上げると、発熱の方向に平衡が移動する。

(5)　触媒を加えると、平衡に達するまでの時間は変化するが、平衡は移動しない。

問題1　解説

熱化学反応と反応速度⇨速 P.63

ここがPOINT!

反応速度への影響

- **濃度・圧力**…濃度や圧力が高いほど粒子の衝突頻度が高くなるので、反応速度が大きくなる
- **温度**…………温度が高いほど粒子の熱運動が激しくなり、衝突頻度が高くなるので、反応速度が大きくなる
- **触媒**…………触媒（正触媒）の働きにより活性化エネルギーの小さい経路で反応が進むため、反応速度が大きくなる

(1)、(2)、(3) は、正しい内容です。

(4)　正しい。接触面積が大きくなると、粒子の衝突頻度が高くなるので、反応速度は大きくなります。

(5)　誤り。反応物から生成物へと変化するためには、一定以上の高いエネルギー状態（活性化状態）を超える必要があり、そのために必要な最小限のエネルギーを活性化エネルギーといいます。触媒（しょくばい）（正触媒）は活性化エネルギーを下げるはたらきをすることによって反応速度を大きくします。

正解（5）

問題2　解説

化学平衡⇨速 P.64

ここがPOINT!

平衡移動の原理（ル・シャトリエの法則）

可逆反応が化学平衡の状態（平衡状態）にある場合に、反応の条件（濃度、圧力、温度）を変えると、その変化を打ち消す（緩和する）方向に平衡が移動する。

(1)、(2)、(3) は、正しい内容です。

(4)　誤り。ル・シャトリエの法則より、温度を上げると吸熱反応の方向（逆に温度を下げた場合は発熱反応の方向）に平衡（へいこう）が移動します。

(5)　正しい。触媒は、反応速度を大きくしたり小さくしたりしますが、平衡状態には影響を与えません。

正解（4）

14 金属の特性

問題1

金属の特性として、次のうち誤っているものはどれか。

(1) 一般に展性、延性に富み、金属光沢がある。

(2) 一般に、塩酸、硝酸、硫酸などの無機酸に溶ける。

(3) 常温（20℃）において、液体のものがある。

(4) アルミニウム、マグネシウム、鉄のうち、イオン化傾向が最も小さいのはアルミニウムである。

(5) 比重が4以下の金属を、一般に軽金属という。

問題2

鋼製の危険物配管を埋設する場合、次のうち最も腐食しにくいのはどれか。

(1) 土壌中とコンクリート中にまたがって埋設されているとき。

(2) 砂層と粘土層の土壌にまたがって埋設されているとき。

(3) エポキシ樹脂などの合成樹脂で完全に被覆して埋設されているとき。

(4) 種類の違う材質の金属配管と接続して埋設されているとき。

(5) 電気設備から土中に漏れ出した迷走電流の流れている場所に埋設されているとき。

問題1　解説

金属の特性⇨㊋ P.78

ここがPOINT!

大 ←―― イオン化傾向（陽イオンへのなりやすさ）――→ 小

K	Ca	Na	Mg	Al	Zn	Fe	Ni	Sn	Pb	(H)	Cu	Hg	Ag	Pt	Au
借りよ	か	な	ま	あ	あ	て	に	す	な	ひ	ど	す	ぎる	借	金
カリウム	カルシウム	ナトリウム	マグネシウム	アルミニウム	亜鉛	鉄	ニッケル	スズ	鉛	水素	銅	水銀	銀	白金	金

＊カリウムKよりもイオン化傾向が大きいものとして、リチウムLiがある。

(1)　正しい。たたくと広がり（**展性**）、引っ張ると延び（**延性**）、みがくと光ります（**金属光沢**）。

(2)　正しい。ただし、金や白金のように無機酸に溶けない金属もあります。

(3)　正しい。一般には常温で固体ですが、水銀（融点 −38.8℃）は液体です。

(4)　誤り。この3つのうちイオン化傾向が最も小さいのは、鉄です。

(5)　正しい。ナトリウムやカリウムなどは比重＜1なので水に浮きます。

正解（4）

金属は、イオン化して溶け出すことによって腐食が進みます。

問題2　解説

金属の腐食⇨㊋ P.79

ここがPOINT!

金属の腐食が進みやすい環境

①水分や限度以上の塩分が存在する場所　**②異なった土質にまたがる場所**
③酸性が高い土中などの場所　**④中性化の進んだコンクリート内**
⑤迷走電流が流れている場所　**⑥異種金属が接続している場所**

(1)、(2)　土壌とコンクリートを貫通している場所や、土質の異なる場所などでは、腐食の影響を受けやすいとされます。

(3)　合成樹脂で被覆したり、防食剤を活用したりすることによって、金属の腐食を防ぎます。

(4)　異種金属が接触すると腐食が進行します。ただし、鉄よりイオン化傾向の大きい金属との接続であれば、逆に鉄の腐食を防ぐことができます。

(5)　直流電気鉄道の近くなどでは、迷走電流によって腐食が進行します。

正解（3）

15 有機化合物

問題1 重要

有機化合物に関する説明として、次のうち誤っているものはどれか。

(1)　有機化合物を構成する成分元素は、主に炭素、水素、酸素であり、そのほかに窒素、硫黄などもある。

(2)　有機化合物は、炭素原子の結合の仕方によって鎖式化合物と環式化合物に大別される。

(3)　有機化合物の多くは水に溶けにくく、有機溶媒に溶けやすい。

(4)　有機化合物は、無機化合物と比べて種類が少ない。

(5)　有機化合物は一般に燃えやすく、燃焼すると主に二酸化炭素と水を生成する。

問題2

次の化学構造式で表される有機化合物として、正しいものはどれか。

```
     H   H
     |   |
  H—C—C—O—H
     |   |
     H   H
```

(1)　エタノール

(2)　アセトアルデヒド

(3)　アセトン

(4)　ベンゼン

(5)　アニリン

問題1 解説

有機化合物⇨速 P.81

ここがPOINT!

	有機化合物	無機化合物
成分元素	主にC、H、O(ほかにN、Sなど)	すべての元素
種類の数	約2,000万種類	5〜6万種類
溶解性	水に溶けにくい	水に溶けやすいものが多い
融点・沸点	一般に低いものが多い	一般に高いものが多い

(1) 正しい内容です。

(2) 正しい。分子が鎖(くさり)のような結びつき方をしている**鎖式(さしき)化合物**と、分子の環状構造を持つ**環式(かんしき)化合物**に大別されます。

(3) 正しい。なお、**有機溶媒(ようばい)**(有機溶剤ともいう)とは化学反応の溶媒として用いる有機化合物の総称で、ほかの有機化合物の溶解にも用います。

(4) 誤り。有機化合物は、約2,000万種類に達するともいわれています。

(5) 正しい。主な成分元素がC、H、Oであるため、完全燃焼する(酸素と化合する)と、**二酸化炭素**CO_2と**水**H_2Oを生成します。

正解(4)

問題2 解説

有機化合物⇨速 P.81

ここがPOINT!

主な官能基(有機化合物の特性を表す原子団)

官能基	構造	官能基	構造
ヒドロキシル基 例 メタノール、エタノール	—O—H	**アルデヒド基** 例 アセトアルデヒド	—C(=O)—H
カルボニル基 例 アセトン	>C=O	**アミノ基** 例 アニリン	—N(—H)—H

(1) 正しい。化学構造式に**ヒドロキシル基**(−O−H)が含まれています。

(2) 誤り。アセトアルデヒドは、**アルデヒド基**をもつ鎖式化合物です。

(3) 誤り。アセトンは、**カルボニル基**をもつ鎖式化合物です。

(4) 誤り。ベンゼンは、ベンゼン環と呼ばれる構造をもつ環式化合物です。

(5) 誤り。アニリンは、ベンゼン環の水素原子Hの1つを**アミノ基**で置換(ちかん)した環式化合物です。

正解(1)

16 燃焼の定義

問題1 重要

燃焼に関する一般的説明として、次のうち誤っているものはどれか。

(1) 物質が酸素と化合して酸化物に変化する反応のうち、熱と光を伴うものを燃焼という。

(2) 物質の燃焼には、反応物質としての可燃物（可燃性物質）と酸素供給源のほかに、反応を開始させるための点火源（熱源）が必要である。

(3) 有機化合物の大半は可燃物であり、完全燃焼して二酸化炭素と水を発生するものが多い。

(4) 点火源として、火気、放電火花（電気火花）、酸化熱などがあげられる。

(5) 酸素供給源は一般に空気であり、物質自身に含まれる酸素は酸素供給源にはならない。

問題2 重要

次のA～Eのうち、燃焼に必要な３要素がそろっているものはいくつあるか。

A　メタン　窒素　湿気

B　ガソリン　空気　電気火花

C　二酸化炭素　酸素　マッチの炎

D　亜鉛粉　水素　衝撃火花

E　水　酸素　火気

(1) 1つ

(2) 2つ

(3) 3つ

(4) 4つ

(5) 5つ

問題1　解説

燃焼の定義⇨㊈P.85

ここがPOINT!

燃焼の３要素
燃焼には、①可燃物・②酸素供給源・③点火源の３要素が同時に必要
①可燃物（可燃性物質）…木材、紙、石油など、有機化合物の大半
②酸素供給源…空気中の酸素、可燃物の内部に含まれている酸素など
③点火源（熱源）…火気、静電気・摩擦・衝撃による火花など

(1)、(2)　正しい内容です。

(3)　正しい。有機化合物とは分子内に炭素Cを含んでいる化合物をいいます（ただし、一酸化炭素や二酸化炭素などは除く）。「危険物」にはガソリンをはじめとして、有機化合物とその混合物が数多く含まれています。

(4)　正しい。酸化熱とは酸化反応の際に発生する熱のことです。

(5)　誤り。可燃物自身の内部に含まれる酸素も酸素供給源になります。

正解（5）

問題2　解説

燃焼の定義⇨㊈P.85

ここがPOINT!

二酸化炭素　…　酸素と十分に化合しているため燃えない（不燃物）
一酸化炭素　…　酸素と十分に化合していないため燃える（可燃物）

A　メタンは可燃物ですが、酸素供給源と点火源がありません。

B　可燃物（ガソリン）、酸素供給源（空気）、点火源（電気火花）のすべてがそろっています。

C　二酸化炭素はすでに十分な酸素と化合しているため、これ以上燃えません。したがって、可燃物がありません。燃えるのは一酸化炭素です。

D　亜鉛粉と水素はどちらも可燃物ですが、酸素供給源がありません。

E　可燃物がありません。

以上より、燃焼の３要素がそろっているのはBのみで１つです。　正解（1）

酸素には、他の物質を燃焼させる支燃性（しねんせい）がありますが、酸素自身は不燃物です。

17 酸素、窒素、一酸化炭素、二酸化炭素

問題1 重要

酸素について、次のうち誤っているものはどれか。

(1) 常温（20℃）では、いくら加圧しても液体にはならない。

(2) 液体酸素は、淡青色である。

(3) 窒素と激しく反応する。

(4) 鉄、亜鉛、アルミニウムと直接反応して酸化物をつくる。

(5) 希ガス元素とは反応しない。

問題2

一酸化炭素の性状として、次のうち誤っているものはどれか。

(1) 無色透明で無臭の気体である。

(2) 可燃性であり、点火すると赤い炎をあげて燃焼し、二酸化炭素となる。

(3) 炭素化合物などの有機物の不完全燃焼によって生じる。

(4) 人体にとって有毒な物質である。

(5) 水にはほとんど溶けない。

問題1 解説

酸素、窒素、一酸化炭素、二酸化炭素⇨㉂ P.86

ここがPOINT!

酸素の性質	
●空気中に約21%含まれている気体	●過酸化水素を分解して得られる
●無色（液体酸素は淡青色）・無臭	●貴金属、窒素、希ガスとは反応しない
●他の物質の燃焼を助ける（支燃性）	●鉄、亜鉛、アルミニウムなどの金属とは直接反応して酸化物をつくる
●自分自身は不燃物	

(1)　正しい。酸素の沸点（＝凝縮点）は−183℃なので、−183℃以下まで冷却されると、気体の状態から液体の状態に変わります。

(2)　正しい。気体の酸素は無色ですが、液体の酸素は淡青色（たんせいしょく）です。

(3)　誤り。酸素はほとんどの元素と反応しますが、窒素とは反応しません。

窒素ガスは、化学的に安定していて、他の物質と反応を起こさないガス（不活性ガス）の1つです。

(4)　正しい。鉄、亜鉛、アルミニウムなどの金属と反応して酸化物（酸化鉄、酸化亜鉛、酸化アルミニウムなど）をつくります。

(5)　正しい。希ガス元素とは、周期表（→P.193）の18族元素（ヘリウム、ネオンなど）の総称です。

正解（3）

問題2 解説

酸素、窒素、一酸化炭素、二酸化炭素⇨㉂ P.86

ここがPOINT!

	一酸化炭素CO	二酸化炭素CO_2
常温の状態	無色無臭の気体	
燃焼性	青白い炎をあげて燃える	燃えない（不燃物）
水溶性	ほとんど溶けない	かなり溶ける
毒　性	非常に強い毒性あり	一酸化炭素のような毒性はない

(1)、(3)、(4)、(5) は、正しい内容です。

(2)　誤り。青白い炎をあげて燃焼し、二酸化炭素となります。

正解（2）

18 燃焼の仕方

問題1

燃焼に関する説明として、次のうち誤っているものはどれか。

(1)　石炭は、熱分解により発生した可燃性ガスが燃焼する。これを分解燃焼という。

(2)　セルロイドは、分子内に酸素を含有しており、その酸素が燃焼に使われる。これを自己燃焼という。

(3)　ガソリンは、液面から発生した可燃性蒸気が燃焼する。これを表面燃焼という。

(4)　木炭は、気化や熱分解を起こすこともなく、そのまま高温状態となって燃焼する。これを表面燃焼という。

(5)　硫黄は、融点が発火点よりも低いため、加熱されて融解し、さらに蒸気を発生してその蒸気が燃焼する。これを蒸発燃焼という。

問題2　重要

次のA～Eの物質のうち、燃焼の形態が主に蒸発燃焼であるものはいくつあるか。

A　ジエチルエーテル

B　コークス

C　ナフタリン

D　水素

E　ニトロセルロース

(1)　1つ

(2)　2つ

(3)　3つ

(4)　4つ

(5)　なし

問題1 解説

燃焼の種類⇨㊣ P.87

ここがPOINT!

①蒸発燃焼…蒸発によって生じた可燃性蒸気が空気と混合して燃焼する
②分解燃焼…固体が加熱されて分解し、発生した可燃性ガスが燃焼する
③自己燃焼…固体自身に含まれている酸素によって燃焼する分解燃焼
④表面燃焼…固体の表面だけが酸素と反応して燃焼する

(1)　正しい。分解燃焼とは、石炭など、固体が加熱されて分解し、その際に発生する可燃性ガスが燃焼する場合をいいます。

(2)　正しい。自己燃焼とは、分解燃焼のうち、その固体自体に含まれている酸素によって燃焼するものをいいます。内部燃焼ともいい、炎は出ません。

(3)　誤り。ガソリンなどの可燃性の液体は、液体そのものが燃えるのではなく、液面から発生した蒸気が空気と混合して燃焼します。これを蒸発燃焼といいます。

(4)　正しい。表面燃焼とは、木炭など、固体が気化（蒸発）も分解もせず、高温を保ちながら表面が酸素と反応して燃焼する場合をいいます。

(5)　正しい。硫黄（いおう）など、まれに固体でも蒸発燃焼するものがあります。

正解（3）

問題2 解説

燃焼の種類⇨㊣ P.87

ここがPOINT!

①蒸発燃焼	ジエチルエーテル、ガソリン、灯油、軽油など	液体
	硫黄、ナフタリンなど	固体
②分解燃焼	木材、石炭、プラスチックなど	
③自己燃焼	ニトロセルロース、セルロイドなど	
④表面燃焼	木炭、コークスなど	

蒸発燃焼はAとCの２つです。Bは表面燃焼、Eは自己（内部）燃焼です。Dの水素など、気体はそのまま空気と混合して燃焼します。

正解（2）

ガソリンをはじめ、第４類危険物に属する液体の燃焼は、すべて蒸発燃焼です。

19 燃焼の難易

問題1 重要

燃焼の難易について、次のA～Eのうち正しいものはいくつあるか。

A 発熱量が小さいものほど燃えやすい。

B 酸化されやすいものほど燃えやすい。

C 乾燥度が低いものほど燃えやすい。

D 体膨張率が大きいほど燃えやすい。

E 熱伝導率が小さいものほど燃えやすい。

(1) なし

(2) 1つ

(3) 2つ

(4) 3つ

(5) 4つ

問題2

引火性の液体を噴霧状にすると燃焼しやすくなる理由として、次のうち誤っているものはどれか。

(1) 液体の表面積が小さくなるため。

(2) 空気とよく混ざり合うようになるため。

(3) 熱容量が小さくなるため。

(4) 熱交換の効率がよくなるため。

(5) 蒸発が促進されるため。

問題1 解説

燃焼の難易⇨㊜ P.88

ここがPOINT!

一般に、物質は次のような場合に燃えやすい
①可燃性蒸気が発生しやすい ②発熱量（燃焼熱）が大きい
③熱伝導率が小さい ④乾燥度が高い（含有水分が少ない）
⑤周囲の温度が高い ⑥酸化されやすい ⑦表面積が大きい

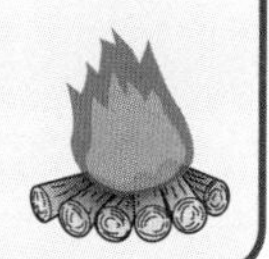

A 誤り。発熱量（燃焼熱）が大きいものほど燃えやすいといえます。

B 正しい。燃焼は酸化反応なので、酸化されやすいものほど燃えやすいといえます（酸化されやすい＝酸素と結びつきやすい）。

C 誤り。乾燥度が高い（含有水分が少ない）ほど燃えやすいといえます。

D 誤り。体膨張率（たいぼうちょう）は、燃焼の難易とは直接関係ありません。

E 正しい。熱伝導率（でんどう）の小さい物質は熱が伝わりにくく、熱が蓄積しやすいため、物質の温度が上がって燃えやすくなります。

以上より、正しいものはBとEの２つです。

正解（3）

熱伝導率は小さいほど燃焼しやすいということを覚えておきましょう。

問題2 解説

燃焼の難易⇨㊜ P.88

ここがPOINT!

①可燃性固体を粉状にする ②引火性液体を噴霧状にする
表面積が大きくなり、酸素と接触しやすくなって燃えやすくなる

(1) 誤り。噴霧（ふんむ）状にすると、液体がばらばらの粒子となって表面積が大きくなるため、空気との接触面積が増え、酸素と結びつきやすくなります。

(2) 正しい。理由は（1）で述べた通りです。

(3)、(4)、(5) 正しい。熱容量とは、ある物体全体の温度を１℃上昇させるために必要な熱量をいいます。熱容量が小さいほど物体は温まりやすく、蒸発が進んで可燃性蒸気となり、燃えやすくなります。熱交換の効率がよくなるとは、熱容量が小さくなることを意味します。また、ばらばらの粒子になることによって、熱伝導率も小さくなります。

正解（1）

20 引火点と燃焼範囲

問題1 重要

次の文の（　　）内のA～Cに当てはまる語句の組合せとして、正しいものはどれか。

「可燃性蒸気は、空気とある濃度範囲で混合している場合にのみ燃焼する。この濃度範囲を（　A　）という。また、（　A　）の下限値の濃度の蒸気を発生するときの可燃性液体の温度を（　B　）といい、この液温になると、（　C　）燃焼する」

	A	B	C
(1)	発火範囲	発火点	点火源を近づければ
(2)	燃焼範囲	引火点	点火源を与えなくても
(3)	爆発範囲	自然発火温度	点火源を与えなくても
(4)	燃焼範囲	引火点	点火源を近づければ
(5)	爆発範囲	発火点	点火源を与えなくても

問題2 重要

「ある可燃性液体の引火点が28℃、燃焼範囲の下限値が1.3vol%、上限値が9.6vol%である」

この記述について、誤っているものは次のうちどれか。

(1)　液温が28℃に達すると、液体表面に燃焼範囲の下限値の濃度の混合気体が存在する。

(2)　液温が28℃になれば引火する。

(3)　空気との混合気体の濃度が9.6vol%を超えると、点火源を与えても燃焼しない。

(4)　この液体の蒸気10Lと空気100Lの混合気体中で電気スパークを飛ばすと、燃焼する。

(5)　液温が28℃になると、液体表面に生じる可燃性蒸気の濃度は9.6vol%となる。

問題1　解説

引火点⇨㊣ P.90

ここがPOINT!

引火点

可燃性液体の液面付近の蒸気の濃度が、燃焼範囲の下限値に達したときの液温をいう

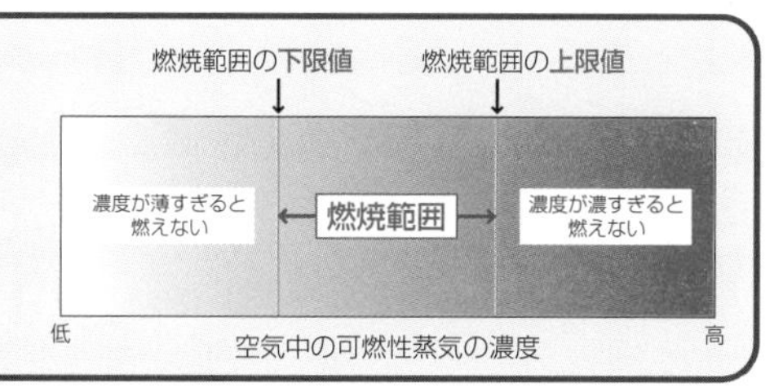

可燃性液体の燃焼とは、液体から発生した可燃性蒸気と空気との混合気体が燃えることです。ところがこの混合気体は、可燃性蒸気の濃度が濃すぎても薄すぎても燃えません。空気中で可燃性蒸気が燃焼することのできる濃度の範囲を燃焼範囲（爆発範囲）といい、この範囲内にあるとき、何らかの点火源が与えられると燃焼します。

正解（4）

燃焼範囲の、濃度が濃いほうの限界を上限値、薄いほうの限界を下限値といいます。

問題2　解説

燃焼範囲⇨㊣ P.90

ここがPOINT!

$$\text{可燃性蒸気の濃度(vol\%)} = \frac{\text{蒸気の体積（L）}}{\text{蒸気の体積(L)} + \text{空気の体積(L)}} \times 100$$

(1)、(2) は、正しい内容です。

(3)　正しい。燃焼範囲の上限値を超えると、濃度が濃すぎて燃えません。

(4)　正しい。この混合気体の濃度が燃焼範囲内にあるかどうか計算します。

可燃性蒸気の濃度は、混合気体全体の中にその蒸気が何％含まれているかを容量％（単位vol％）で表したものであり、混合気体全体の体積（L）は蒸気の体積（10L）＋空気の体積（100L）です。したがって、上の式より、

可燃性蒸気の濃度（vol％）

＝蒸気の体積（10L）÷混合気体全体の体積（110L）×100＝9.09…

∴燃焼範囲内にあるため、電気スパークを飛ばすと燃焼します。

(5)　誤り。下限値の1.3vol％になります。

正解（5）

21 発火点と自然発火

問題1 重要 

発火点に関する説明として、次のうち正しいものはどれか。

(1) 可燃性液体が、燃焼範囲の下限値の濃度の蒸気を発生するときの液温のことを発火点という。

(2) 可燃性物質を加熱した場合、空気がなくても自ら燃えはじめる最低温度のことを発火点という。

(3) 可燃性物質を空気中で加熱した場合、炎や火花などの点火源を与えなくても自ら燃焼しはじめる最低温度を発火点という。

(4) 発火点は、一般に引火点よりも低い温度である。

(5) 発火点と引火点は同じ意味であり、可燃物が固体のときに発火点、液体のときに引火点とよぶ。

問題2 

次の自然発火に関する文の（　　）内のA～Eに当てはまる語句の組合せとして、正しいものはどれか。

「自然発火とは、他から点火源を与えられなくても、物質が空気中において（　A　）し、その熱が長時間蓄積され、ついには（　B　）に達して自然に発火する現象をいう。自然発火性を有する物質が自然に発火する原因としては、（　C　）、（　D　）、吸着熱などがあげられる。また、粉末状、繊維状の物質が自然発火を起こしやすいのは、空気との接触面積が大きく、酸化されやすいのと同時に、（　E　）が小さく、熱が蓄積されやすいためである」

	A	B	C	D	E
(1)	酸化	引火点	酸化熱	分解熱	熱の伝わり
(2)	発熱	発火点	酸化熱	分解熱	熱の伝わり
(3)	発熱	発火点	気化熱	融解熱	熱の伝わり
(4)	発熱	引火点	気化熱	融解熱	燃焼の速さ
(5)	酸化	燃焼点	酸化熱	燃焼熱	燃焼の速さ

問題1　解説

発火点⇨㊙ P.92

ここがPOINT!

引火点	発火点
可燃性蒸気の濃度が燃焼範囲の**下限値**を示すときの液温	空気中で加熱された物質が自ら**発火**するときの最低の温度
点火源 ⇨ **必要** 火を引き込む	点火源 ⇨ **不要**
可燃性の液体（まれに固体）	可燃性の固体、液体、気体

(1)　誤り。これは引火点の説明です。

(2)　誤り。空気（酸素供給源）がなければ燃焼できません。

(3)　正しい内容です。

(4)　誤り。一般に、**発火点**のほうが**引火点**よりも高い温度です。

(5)　誤り。意味はまったく異なります。また、発火点は固体だけでなく、液体や気体についても測定できます。

正解（3）

問題2　解説

自然発火⇨㊙ P.94

ここがPOINT!

自然発火の原因となる主な発熱

①**酸化熱**による発熱	乾性油、原綿、石炭、ゴム粉
②**分解熱**による発熱	セルロイド、ニトロセルロース
③**吸着熱**による発熱	活性炭、木炭粉末
④**微生物**による発熱	たい肥、ごみ

常温（20℃）において物質が空気中で自然に**発熱**し、その熱が長期間蓄積されて**発火点**に達し、ついには**燃焼**するという現象を**自然発火**といいます。自然発火の原因となる主な発熱としては、化学反応によって発生する**反応熱**（酸化熱・分解熱）などがあげられます。また、物質の形状が**粉末状**などの場合、**熱伝導率**（熱の伝わり）が**小さく**なるため燃焼しやすいことについてはすでに学習（→P.49）しました。

正解（2）

22 消火理論

問題1 重要

消火に関する説明として、次のうち誤っているものはどれか。

(1) 燃焼の3要素である可燃物、酸素供給源、点火源の1つを取り除いただけでは消火はできない。

(2) 一般に石油類では、空気中の酸素濃度を約14vol％以下にすれば、燃焼は停止する。

(3) 爆風によって可燃性蒸気を吹き飛ばす方法で消火できる場合がある。

(4) 水は比熱と蒸発熱が大きいことから、冷却消火に広く利用されている。

(5) 二酸化炭素を放出すると、窒息消火の効果があるが、密閉された場所では人体に害を及ぼす危険がある。

問題2 重要

消火方法と主な消火効果の組合せとして、次のうち正しいものはどれか。

(1) 燃焼している木材に注水して消火した。……………………………除去効果

(2) 栓を閉めてガスコンロの火を消した。………………………………窒息効果

(3) アルコールランプにふたをして火を消した。………………………抑制効果

(4) ろうそくに息を吹きかけて炎を消した。……………………………冷却効果

(5) 酸化反応の連鎖を抑えることで燃焼を止めた。……………………抑制効果

問題1 解説

消火の3要素⇨㊰ P.98

ここがPOINT!

消火の3要素（燃焼の3要素に対応した消火方法）

①可燃物 取り除く	②酸素供給源 断ち切る	③点火源（熱源） 熱を奪う
①除去**消火**	②窒息**消火**	③冷却**消火**

(1)　誤り。物質の燃焼には、燃焼の３要素が同時に存在しなくてはならないため、１つでも欠ければ燃焼は起こりません。

(2)　正しい。酸素濃度14vol％以下になると、燃焼は継続できません。

(3)　正しい。油田火災の消火に爆発による爆風が用いられます。除去消火の１つです。

(4)　正しい。水は比熱と蒸発熱が大きいため、高い冷却効果を発揮します。

(5)　正しい。二酸化炭素は、人が多量に吸い込むと窒息（ちっそく）の危険性があります。

正解（1）

問題2 解説

消火の方法⇨㊰ P.99

ここがPOINT!

①除去消火…ガスの元栓を閉める、ろうそくの炎に息を吹きかけるなど
②窒息消火…容器に残った灯油に火がついたときにふたを閉めるなど
③冷却消火…たき火に注水する、可燃性液体の液温を引火点以下にするなど
④抑制消火…ハロゲン化物などを用い燃焼（酸化）の連鎖を抑制するなど

(1)　誤り。水の冷却効果を利用した冷却消火（効果）です。

(2)　誤り。可燃物であるガスを取り除く除去消火（効果）です。

(3)　誤り。酸素の供給を断っているので、窒息消火（効果）です。

(4)　誤り。ろうそくから出た可燃性蒸気を取り除く除去消火（効果）です。

(5)　正しい。化学的に燃焼（酸化）の連鎖を止める抑制消火（効果）です。

正解（5）

抑制消火（効果）は、ハロゲン化物などの負触媒（ふしょくばい）作用を利用するため、負触媒消火（効果）ともいいます。

23 消火剤

問題1 重要

消火剤とその主な消火効果について、次のうち誤っているものはどれか。

(1)　強化液……………アルカリ金属塩である炭酸カリウムの濃厚な水溶液であり、冷却効果のほか、霧状に放射する場合には抑制効果もある。

(2)　泡…………………化学泡と機械泡とがあり、どちらも窒息効果がある。

(3)　二酸化炭素………化学的に安定した不燃性の物質で、窒息効果がある。

(4)　ハロゲン化物……メタンなどの炭化水素の水素原子をふっ素や臭素などのハロゲン元素と置き換えたものであり、抑制効果と窒息効果がある。

(5)　消火粉末…………炭酸水素カリウム、りん酸アンモニウムなどを主成分とする無機化合物を粉末状にしたものであり、冷却効果がある。

問題2 重要

油火災および電気設備（電気火災）のいずれにも適応する消火剤の組合せとして、次のうち正しいものはどれか。

(1)	棒状の強化液	二酸化炭素	泡消火剤
(2)	ハロゲン化物	霧状の水	消火粉末
(3)	二酸化炭素	ハロゲン化物	消火粉末
(4)	ハロゲン化物	消火粉末	棒状の水
(5)	二酸化炭素	霧状の強化液	泡消火剤

問題1　解説

消火剤の種類⇨㊦ P.100

ここがPOINT!

消火剤ごとの主な消火方法（消火効果）

水	冷却	二酸化炭素	窒息・冷却
強化液	冷却・抑制	ハロゲン化物	窒息・抑制
泡消火剤	窒息・冷却	粉末消火剤	窒息・抑制

(1)　正しい。冷却効果、抑制効果（霧状放射の場合）があります。

強化液には、消火後の再燃防止効果もあります。

(2)　正しい。主に、泡で燃焼物を覆（おお）うことによる窒息（ちっそく）効果で消火します。

(3)　正しい。不燃性の物質で空気より重いため、放出すると、燃焼物周辺の酸素濃度を低下させる窒息効果があります。

(4)　正しい。負触媒（ふしょくばい）作用による抑制効果のほか、窒息効果もあります。

(5)　誤り。冷却効果ではなく、抑制効果と窒息効果があります。　**正解（5）**

問題2　解説

適応する火災⇨㊦ P.104

ここがPOINT!

消火剤		普通火災	油火災	電気火災
水	棒状放射	○	×	×
	霧状放射	○	×	○
強化液	棒状放射	○	×	×
	霧状放射	○	○	○
泡消火剤		○	○	×
二酸化炭素、ハロゲン化物		×	○	○
粉末消火剤	りん酸塩類	○	○	○
	炭酸水素塩類	×	○	○

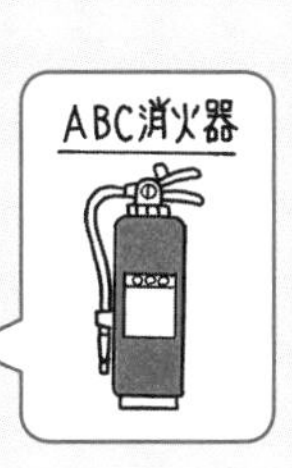

①油火災に不適応な消火剤………水（棒状・霧状）、強化液の棒状

②電気火災に不適応な消火剤……水の棒状、強化液の棒状、泡消火剤

正解（3）

分野別重点問題 2

危険物の性質ならびにその火災予防および消火の方法

ここでは、「危険物の性質ならびにその火災予防および消火の方法」の厳選された30の問題とその解説を掲載しています。

各問の解説や「ここがPOINT!」を参考にしながら、各危険物の性質や消火の方法について問題演習を進め、確かな知識を固めていきましょう。

分野別重点問題

2 危険物の性質ならびにその火災予防および消火の方法

1 類ごとに共通する性状

問題1 重要

危険物の類ごとの性状として、次のうち誤っているものはどれか。

(1)　第１類の危険物…………酸化性の固体で、分解して酸素を発生する。

(2)　第２類の危険物…………着火または引火しやすい可燃性の固体である。

(3)　第３類の危険物…………禁水性および自然発火性の物質である。

(4)　第５類の危険物…………分解または爆発しやすい液体である。

(5)　第６類の危険物…………酸化性の液体である。

問題2 重要

危険物の類ごとの性状として、次のうち正しいものはどれか。

(1)　第１類の危険物は、酸素を含有しているので、自己（内部）燃焼する。

(2)　第２類の危険物は、酸化されにくい固体である。

(3)　第３類の危険物は、水と反応しない不燃性の物質である。

(4)　第５類の危険物は、可燃性の物質であり、外部から酸素の供給がなくても燃焼するものが多い。

(5)　第６類の危険物は、可燃性で、強酸化剤である。

問題1　解説

危険物の分類⇨速 P.112

ここがPOINT!

第１類	酸化性固体	固体	第４類	引火性液体	液体
第２類	可燃性固体	固体	第５類	自己反応性物質	固体 液体
第３類	自然発火性物質 及び禁水性物質	固体 液体	第６類	酸化性液体	液体

(1)　正しい。第１類は酸化性固体。分子中に酸素を含有しており、分解して発生した酸素を他の物質に与え、その物質を酸化（燃焼）させます。

(2)　正しい。第２類は可燃性固体。自分自身が燃えるので、可燃性です。

(3)　正しい。第３類は自然発火性物質（空気に触れると自然発火する）および禁水性物質（水と接触すると発火したり可燃性ガスを発生したりする）です。ほとんどが、自然発火性と禁水性の両方の性質を有しています。

(4)　誤り。第５類は自己反応性物質。液体だけでなく、固体も含まれます。

(5)　正しい。第６類は酸化性液体です。　　**正解（4）**

第３類と第５類の名称だけが「～物質」となっているのは、固体と液体の両方を含むという意味です。

問題2　解説

類ごとの危険物の性質⇨速 P.113

ここがPOINT!

1類と6類	酸化性＝他の物質を酸化➡自分は不燃性
2類と4類	還元性＝自分が酸化されやすい➡可燃性
3類	自然発火性および禁水性➡可燃性（一部例外）
5類	自己反応性➡可燃性

(1)　誤り。第１類は他の物質を燃焼させ、自分自身は燃えません（不燃性）。

(2)　誤り。第２類は燃えやすい、つまり酸化されやすい物質です。

(3)　誤り。第３類の大部分は水と反応し、ほとんどが可燃性の物質です。

(4)　正しい。第５類の大部分が酸素を含有しており、自己（内部）燃焼しやすい性質があります。

(5)　誤り。第６類は強い酸化剤ですが、不燃性です。　　**正解（4）**

2 第4類危険物に共通する特性

問題1 重要

第４類の危険物の性状として、次のうち誤っているものはどれか。

(1) 常温（20℃）において液体である。

(2) 常温（20℃）において、火源があればすべて引火する。

(3) 引火点が低いものほど、危険性は大きい。

(4) 燃焼範囲が広いものほど、危険性が大きい。

(5) 沸点の低いものは、引火の危険性が大きい。

問題２ 重要

第４類の危険物の一般的な性状として、次のうち正しいものはどれか。

(1) 水に溶けやすい。

(2) 液比重（液体の比重）が１より大きい。

(3) 蒸気比重が１より大きく、可燃性蒸気が低い場所に滞留しやすい。

(4) 発火点が100℃以下であり、火源がなくても発火しやすい。

(5) 静電気が発生しにくい。

問題１　解説

第4類危険物の分類⇨㊜ P.116

ここがPOINT!

第４類危険物は引火性液体…可燃性蒸気を発生して空気との混合気体をつくり、火源を与えると引火する液体。７つの品名に分類される。
①特殊引火物　②第１石油類　③アルコール類　④第２石油類
⑤第３石油類　⑥第４石油類　⑦動植物油類

(1)　正しい。第４類は引火性液体。常温（20℃）ですべて液体です。

(2)　誤り。引火点が常温より高いものは、引火点に達するまで液体を加熱するなどしなければ、火源（かげん）があっても引火しません。

(3)　正しい。引火点が低いものは、あまり加熱しなくても引火するということですから、危険性が大きいといえます。

(4)　正しい。可燃性蒸気の濃度が燃焼範囲内にあるときに燃焼が起こるということですから、燃焼範囲が広いものは危険性が大きいといえます。

(5)　正しい。沸点（ふってん）が低いということは、低い温度で可燃性蒸気が発生するということなので、引火しやすく危険です。

正解（2）

問題２　解説

第4類危険物に共通する特性⇨㊜ P.118

ここがPOINT!

第４類危険物の一般的な性状
①引火しやすい　②水に溶けずに、水に浮くものが多い
③蒸気が空気より重い　④静電気が発生しやすい

(1)　誤り。第４類は水に溶けない性質（非水溶性）のものが多いです。

(2)　誤り。液比重は１より小さい（＝水より軽い）ものがほとんどです。

(3)　正しい。蒸気比重が１より大きい＝空気より重いということです。

(4)　誤り。第４類の発火点はその多くが200℃以上です。

(5)　誤り。液体なので、流動等で静電気（せいでんき）を発生しやすい特性があります。

正解（3）

水溶性のものを除き、電気の不良導体（ふりょうどうたい）が多いため、発生した静電気が蓄積されやすいのも特性です。

3 第4類危険物に共通する火災予防方法

問題1 重要

第４類の危険物の貯蔵・取扱いの注意事項として、次のうち誤っているものはどれか。

(1)　危険物を取り扱う場所では、みだりに火気を使用しない。

(2)　静電気の発生を抑制するため、かくはんや注入はゆっくりと行う。

(3)　容器に収納する場合は、空間を残さないようにして詰める。

(4)　危険物が入った容器は、熱源を避けて貯蔵する。

(5)　ドラム缶の栓などを開閉する際、金属工具でたたかないようにする。

問題2 重要

第４類の危険物の取扱い上の一般的注意事項として、次のA～Eのうち正しいもののみを掲げているものはどれか。

A　室内で取り扱うときは、低所よりも高所の換気を十分に行う。

B　容器に詰め替えるときは、蒸気が多量に発生するため、床にくぼみなどを設けて拡散しないようにする。

C　可燃性蒸気が滞留するおそれのある場所の電気設備は、防爆構造のものを使用する。

D　発生した可燃性蒸気は、屋外の低所に排出する。

E　危険物の入っていた空の容器は、内部に蒸気が残っていることがあるため、火気に注意する必要がある。

(1)　A　C

(2)　A　D

(3)　B　D

(4)　B　E

(5)　C　E

問題１　解説　第4類危険物に共通する火災予防方法⇨速 P.120

ここがPOINT!

第４類危険物の火災予防方法１
①火気や火花を近づけない　②加熱、高温体との接近を避ける
③容器に詰めるときは空間容積を確保　④密栓して冷暗所に貯蔵

(1)　正しい。点火源となる危険性があります。

(2)　正しい。液体の流動によって生じる静電気（せいでんき）の量は、流速に比例して増える（→P.21）ため、かくはんや注入などはゆっくり行うようにします。

(3)　誤り。温度が上昇して容器内の液体が熱膨張（ねつぼうちょう）を起こしても、容器が破損（はそん）しないよう、若干の空間容積を残しておく必要があります。

(4)　正しい。液温を上昇させないようにするためです。

(5)　正しい。ドラム缶の金属製の栓を金属工具でたたくと衝撃火花が発生し、これが点火源になることがあります。

正解（3）

問題２　解説　第4類危険物に共通する火災予防方法⇨速 P.120

ここがPOINT!

第４類危険物の火災予防方法２
①低所の換気や通風を十分行う　②防爆型の電気設備を使用する
③可燃性蒸気は屋外の高所に排出　④空缶の取扱いにも注意する

A　誤り。可燃性蒸気は空気より重く、低所に溜（た）まるため、低所の換気や通風を十分に行い、濃度を燃焼範囲以下にします。

B　誤り。可燃性蒸気がそこに滞留してしまい、かえって危険です。

C　正しい。防爆（ぼうばく）とは可燃性蒸気による火災や爆発を防ぐという意味です。

D　誤り。低所ではなく高所に排出し、地上に降下してくる間に拡散させて濃度を薄めるようにします。

E　正しい。残留している可燃性蒸気が空気と混合し、引火する危険性があります。

以上より、正しいものはCとEです。

低所を換気して、
高所に排出ですね。

正解（5）

4 第4類危険物に共通する消火方法①

問題1 重要

第４類の危険物の火災に適応する消火方法として、次の A～D のうち正しいものの組合せはどれか。

A　危険物を除去する。

B　空気の供給を遮断する。

C　液温を引火点以下に下げる。

D　化学的に燃焼反応を抑える。

(1)　A　B

(2)　A　C

(3)　B　C

(4)　B　D

(5)　C　D

問題 2 重要

第４類の危険物の火災における消火剤の効果等について、次のうち誤っているものはどれか。

(1)　軽油の火災に、二酸化炭素消火剤は効果が少ない。

(2)　灯油の火災に、泡消火剤は効果的である。

(3)　重油の火災に、強化液の棒状放射は効果が少ない。

(4)　トルエンの火災に、りん酸塩類等の粉末消火剤は効果的である。

(5)　ベンゼンの火災に、ハロゲン化物消火剤は効果的である。

問題1　解説　　第4類危険物に共通する消火方法⇨㊣ P.122

ここがPOINT!

第4類危険物の火災に対する消火方法（効果）
・適応する………窒息消火、抑制（負触媒）消火
・適応しない……除去消火、冷却消火

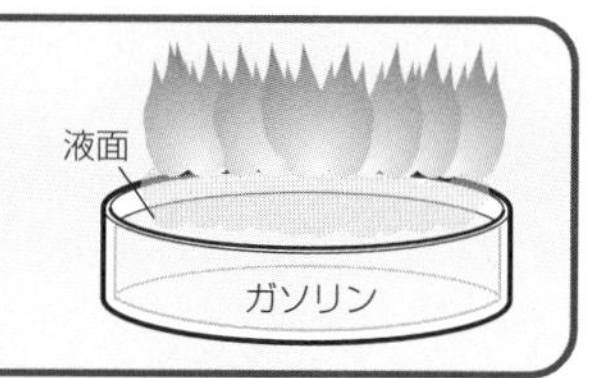

A　誤り。第4類の火災は可燃性蒸気による火災なので、除去による消火は困難といえます。

B　正しい。空気（酸素）の供給を断つ窒息（ちっそく）消火は効果があります。

C　誤り。第4類には引火点の低い物質が多く、火災が発生している場合に液温を引火点以下に冷却することは困難といえます。

D　正しい。燃焼反応の連鎖を止める抑制消火は効果があります。

以上より、適応する消火方法はBとDです。　　正解（4）

問題2　解説　　第4類危険物に共通する消火方法⇨㊣ P.122

ここがPOINT!

第4類の火災に適切な消火剤	消火方法（効果）		油火災への適応
強化液（霧状放射）	抑制	―	○
泡消火剤	―	窒息	○
二酸化炭素	―	窒息	○
ハロゲン化物	抑制	窒息	○
粉末消火剤	抑制	窒息	○

第4類危険物の火災では、冷却による消火は困難なんだね。

(1)　誤り。二酸化炭素消火剤には窒息効果があるため、効果的です。

(2)、(4)、(5)　正しい。窒息または抑制の効果があるため、効果的です。

(3)　正しい。強化液の霧状放射には抑制効果がありますが、棒状放射の場合は冷却効果しかないため、効果が少ないといえます。

正解（1）

具体的な物品名が出てきても、第4類に共通する消火方法として考えればよいのです。

ゴロゴロ合わせ

凶暴な水も油にゃ弱い

強化液の棒状放射と水による消火だけは油火災に適応できない（第4類の火災は油火災）

4 第4類危険物に共通する消火方法②

問題3

ガソリン火災への注水消火は不適切であるが、その理由として、次のA～Dのうち正しいものの組合せはどれか。

A　水が側溝などに伝わり、ガソリンが遠方へ流出する。

B　ガソリンから毒性のガスが発生する。

C　ガソリンが水に浮いて、燃焼面が拡大する。

D　水滴によってガソリンがかく乱され、燃焼が激しくなる。

(1)　A　B

(2)　A　C

(3)　B　C

(4)　B　D

(5)　C　D

問題4　重要

泡消火器には、水溶性液体用の泡消火器と、その他の一般的な泡消火器とがある。

次の危険物の火災を消火する場合、一般的な泡消火器では適切でないものはどれか。

(1)　灯油

(2)　ガソリン

(3)　エタノール

(4)　キシレン

(5)　ベンゼン

問題３ 解説

第4類危険物に共通する消火方法⇨ 速 P.122

ここがPOINT!

第４類危険物は、非水溶性で液比重＜１（水に浮く）のものが多い

↓

注水すると、燃えている危険物が水に浮いて広がり、火災が拡大する

ガソリンをはじめ、第４類危険物の多くは非水溶性で、液比重＜１であるものがほとんどです。このような危険物に注水すると、燃えながら水に浮いて広がり、火災範囲が拡大してしまいます。したがって、注水消火は不適切です。以上より、理由として正しいものはAとCです。

正解（2）

水による消火および強化液の棒状放射は、冷却効果が第４類に適応しないというだけでなく、水に浮く危険物に対しても不適切な消火方法なのですね。

問題４ 解説

第4類危険物に共通する消火方法⇨ 速 P.122

ここがPOINT!

アルコール類などの水溶性の危険物

↓

一般の泡消火剤では、泡が溶けてしまう

↓

水溶性液体用泡消火剤（耐アルコール泡）を使用

泡消火剤には窒息（ちっそく）効果がありますが、アルコール類などの水溶性の危険物に普通の泡を用いると、泡の水膜が溶かされて泡が消滅し、窒息効果が得られなくなってしまいます。このため、一般的な泡消火剤では不適切であり、特殊な水溶性液体用泡消火剤（耐（たい）アルコール泡）を使用する必要があります。(3)のエタノール（エチルアルコール）が正解です。

正解（3）

水溶性液体用泡消火剤を使用する主な危険物

・アセトアルデヒド　・酸化プロピレン

・アルコール類（メタノール、エタノールなど）

・アセトン　・ピリジン　・酢酸（さくさん）

左にあげた危険物はすべて、水溶性です。

5 特殊引火物

問題1

ジエチルエーテルの性状について、次のうち誤っているものはどれか。

(1) 常温（20℃）で引火の危険性がある。

(2) 沸点が34.6℃と低いため、揮発しやすく、夏期には気温が沸点よりも高くなるおそれもある。

(3) 発火点は100℃未満である。

(4) 空気と長く接触したり、日光にさらされたりすると、過酸化物を生じ、加熱や衝撃等で爆発する危険がある。

(5) 水にはわずかしか溶けないが、エタノール、メタノールにはよく溶ける。

問題2 重要

二硫化炭素の性状について、次のうち誤っているものはどれか。

(1) 蒸気は空気より重く、毒性がある。

(2) 他の第4類の危険物よりも発火点が低く、高温の配管などに接触すると発火することがある。

(3) 燃焼範囲が広く、燃焼すると有毒な二酸化硫黄を発生する。

(4) 水よりも軽く、また水に溶けないので、液面に水を張って可燃性蒸気の発生を防いだり、収納した容器を水中に貯蔵したりする。

(5) 無色透明の液体である。

問題1　解説

ジエチルエーテル⇨㊣ P.125

ここがPOINT!

物品名	水溶性	引火点〔℃〕	発火点〔℃〕	沸点〔℃〕	燃焼範囲〔vol%〕
ジエチルエーテル	△	−45	160	34.6	1.9〜36
二硫化炭素	×	−30以下	90	46	1.3〜50
アセトアルデヒド	○	−39	175	21	4.0〜60
酸化プロピレン	○	−37	449	35	2.3〜36

(1)　正しい。引火点−45℃（第４類で最低）なので、常温でも引火します。

(2)　正しい。なお、沸点（ふってん）が第４類で最も低いのはアセトアルデヒドです。

(3)　誤り。160℃。第４類で発火点が100℃未満なのは二硫化炭素（にりゅうか）だけです。

(4)　正しい。直射日光を避け、容器を密栓（みっせん）して冷暗所に保管します。

(5)　正しい。特殊引火物はアルコールによく溶けます。

正解（3）

問題２　解説

二硫化炭素⇨㊣ P.125

ここがPOINT!

物品名	形状	液比重	蒸気比重	蒸気の毒性
ジエチルエーテル	無色透明	0.7	2.6	麻酔性
二硫化炭素		1.3	2.6	毒性
アセトアルデヒド		0.8	1.5	
酸化プロピレン		0.8	2.0	

(1)　正しい。蒸気比重が2.6とかなり重く、また、蒸気に毒性があります。

(2)　正しい。二硫化炭素の発火点は90℃（第４類で最も低い）です。

(3)　正しい。特殊引火物は他の第４類と比べて燃焼範囲が広いといえます。

(4)　誤り。二硫化炭素は液比重が水よりも重い1.3です。液面に水を張るなどの水中貯蔵が可能なのは、水より重く、水に溶けないからです。

(5)　正しい内容です。

正解（4）

第４類の危険物は、水より軽いものがほとんどですが、二硫化炭素のような例外がまれに存在します。

分野別重点問題

2 危険物の性質ならびにその火災予防および消火の方法

6 第1石油類①

問題1 重要

ガソリンの性状等について、次のうち正しいものはどれか。

(1) 炭化水素化合物を主成分とする混合物である。

(2) 引火点は常温（20℃）よりも高い。

(3) 二硫化炭素よりも発火点が低い。

(4) ジエチルエーテルよりも燃焼範囲が広い。

(5) 水によく溶ける。

問題2 重要

自動車ガソリンの性状について、次のうち誤っているものはどれか。

(1) ガソリンは無色の液体であるが、自動車ガソリンはオレンジ色に着色されている。

(2) 蒸気を吸引すると、頭痛やめまい、吐き気等を起こすことがある。

(3) 静電気が蓄積しやすい。

(4) 液体の比重は1以上である。

(5) 揮発性が高く、蒸気は空気より重い。

問題1　解説

第1石油類⇨㊣ P.130

ここがPOINT!

物品名	水溶性	引火点〔℃〕	発火点〔℃〕	沸点〔℃〕	燃焼範囲〔vol%〕	蒸気比重
ガソリン	×	−40以下	約300	40〜220	1.4〜7.6	3〜4
ベンゼン	×	−11.1	498	80	1.2〜7.8	2.8
トルエン	×	4	480	111	1.1〜7.1	3.1
アセトン	○	−20	465	56	2.5〜12.8	2.0

(1)　正しい。各種の炭化水素の混合物であり、純粋な物質ではありません。

(2)　誤り。ガソリンの引火点は一般に−40℃以下です。なお、第1石油類は引火点21℃未満のものと定義されています。

(3)　誤り。発火点は、ガソリンが約300℃、二硫化(にりゅうか)炭素は90℃です。

(4)　誤り。燃焼範囲は、ガソリン1.4〜7.6、ジエチルエーテル1.9〜36です。

(5)　誤り。ガソリンは水に溶けません（非水溶性）。

正解（1）

ガソリンの発火点は意外に高く、燃焼範囲は意外に狭いです。注意しましょう！

問題2　解説

ガソリン（自動車ガソリン）⇨㊣ P.131

ここがPOINT!

①ガソリンは、自動車用・工業用・航空機用の3種類に分けられる
②自動車ガソリンは、オレンジ色に着色されている
③引火点、発火点などの性状は、自動車ガソリンであっても同じである

(1)　正しい。自動車ガソリンは、灯油や軽油と識別するためにオレンジ色に着色してあります。

(2)　正しい。蒸気を過度に吸入すると、頭痛などを起こす場合があります。

(3)　正しい。電気の不良導体(ふりょうどうたい)なので、静電気(せいでんき)を蓄積しやすいといえます。

(4)　誤り。液比重＜1で非水溶性なので、水に浮きます。

(5)　正しい。沸点(ふってん)が低いため揮発(きはつ)しやすい液体です。また蒸気比重3〜4なので空気よりかなり重く、低所に滞留します。

正解（4）

6 第1石油類②

問題3 重要

ベンゼンの性状として、次のうち誤っているものはどれか。

(1) 無色透明の揮発性の液体である。

(2) 特有の芳香を有している。

(3) アルコール、ジエチルエーテルなどの有機溶剤によく溶ける。

(4) 発生する蒸気の毒性は、トルエンよりも強い。

(5) ベンゼンの引火点は、トルエンの引火点よりも高い。

問題4

アセトンの性状として、次のうち誤っているものはどれか。

(1) 無色の液体で、特有の臭気を有する。

(2) 引火点が常温（20℃）より低く、沸点は100℃より低い。

(3) 蒸気が空気より重いため、低所に滞留する。

(4) 水によく溶けるが、ジエチルエーテルには溶けない。

(5) 油脂をよく溶かす。

問題３　解説

ベンゼン、トルエン⇨㊤ P.133

ここがPOINT!

ベンゼンとトルエンに共通する主な特徴
①芳香族炭化水素である
②無色透明の液体で、特有の芳香臭がある
③アルコールなどの有機溶剤によく溶ける
④水よりも軽い
⑤揮発性があり、蒸気は空気より重い
⑥蒸気に毒性がある

(1)、(2) は正しい内容です。

(3)　正しい。水には溶けませんが、有機溶剤にはよく溶けます。

(4)　正しい。ベンゼンとトルエンは、どちらの蒸気にも毒性がありますが、ベンゼンのほうが毒性は強いとされています。

(5)　誤り。引火点はベンゼンが－11.1℃、トルエンは４℃です。　正解（5）

共通点の多いベンゼンとトルエンですが、ベンゼンのほうが引火点が低く、蒸気の毒性が強い点で危険性が大きいといえます。

問題４　解説

アセトン⇨㊤ P.132

ここがPOINT!

アセトンの主な特徴
①無色透明の液体で、特有の臭気がある　②油脂等をよく溶かす
③水によく溶ける（水溶性液体用泡消火剤等で消火する）
④有機溶剤に溶ける　⑤沸点が低い（56℃）ため、揮発しやすい

(1)　正しい内容です。

(2)　正しい。アセトンの引火点は－20℃、沸点（ふってん）は56℃です。

(3)　正しい。蒸気比重2.0なので空気より重く、低所に滞留します。

(4)　誤り。水によく溶けるだけでなく、ジエチルエーテルやアルコールなどの有機溶剤にも溶けます。

(5)　正しい。アセトンは油脂（ゆし）や樹脂（じゅし）をよく溶かします。　正解（4）

7 アルコール類

問題1 重要

メタノールの性状として、次のうち誤っているものはどれか。

(1) ガソリンより燃焼範囲が狭い。

(2) 沸点は、100℃未満である。

(3) 毒性を有する。

(4) 水より軽く、蒸気は空気よりやや重い。

(5) 水または有機溶剤と任意に溶け合う。

問題2

エタノールの性状として、次のうち誤っているものはどれか。

(1) メタノールのような毒性はない。

(2) 無色透明で、芳香臭がある。

(3) 青白い炎をあげて燃焼する。

(4) 常温（20℃）では、引火の危険性はない。

(5) 燃焼範囲は、メタノールより狭い。

問題1　解説　　メタノール（メチルアルコール）⇨㊣ P.137

ここがPOINT!

メタノール（メチルアルコール）の主な性質

引火点〔℃〕	発火点〔℃〕	沸点〔℃〕	燃焼範囲〔vol%〕
11	464	64	6.0～36
液比重	蒸気比重	水溶性	毒性
0.8	1.1	○	あり

(1)　誤り。メタノールの燃焼範囲は6.0～36、ガソリンは1.4～7.6です。

(2)　正しい。沸点(ふってん)が64℃と低いため、揮発性(きはつせい)の高い液体です。

(3)　正しい。毒性があり、飲むと失明や死に至ることもあります。

(4)　正しい。液比重0.8。蒸気比重は1.1で、空気よりやや重い程度です。

(5)　正しい。「任意に」とは「どんな割合でも」という意味です。

正解（1）

問題2　解説　　エタノール（エチルアルコール）⇨㊣ P.137

ここがPOINT!

エタノール（エチルアルコール）の主な性質

引火点〔℃〕	発火点〔℃〕	沸点〔℃〕	燃焼範囲〔vol%〕
13	363	78	3.3～19
液比重	蒸気比重	水溶性	毒性
0.8	1.6	○	なし（麻酔性あり）

(1)　正しい。ただし、麻酔性があり、消毒などにも使用されています。

(2)　正しい。メタノールも同様です。

(3)　正しい。炎の色が淡く、燃えていても認識できないことがあります。

(4)　誤り。引火点が13℃なので、常温でも引火する危険があります。

(5)　正しい。エタノールの燃焼範囲は3.3～19です。

正解（4）

(2) 以外に、有機溶剤によく溶けることや (3) の青白い炎なども、メタノールとエタノールに共通した性質です。両者の共通点と、異なる点を見極めることがポイントになります。

8 第2石油類①

問題1 重要

灯油の性状等について、次のうち誤っているものはどれか。

(1) ストーブの燃料（白灯油）や溶剤等として用いられる。

(2) 液温が常温（20℃）でも引火する危険性が高い。

(3) 静電気を蓄積しやすいため、激しい動揺や流動を避ける。

(4) 灯油にガソリンを混合すると、引火しやすくなる。

(5) 発火点は100℃より高い。

問題2 重要

軽油の性状等として、次のうち誤っているものはどれか。

(1) 無色またはやや黄色（淡紫黄色）の液体である。

(2) ディーゼル機関等で燃料として用いられる。

(3) 蒸気は空気より重い。

(4) 石油臭がある。

(5) 引火点は45℃以上である。

問題1　解説

第2石油類⇨㊙ P.140

ここがPOINT!

物品名	水溶性	引火点〔℃〕	発火点〔℃〕	沸　点〔℃〕	燃焼範囲〔vol%〕
灯油	×	40以上	220	145～270	1.1～6.0
軽油	×	45以上	220	170～370	1.0～6.0
（オルト）キシレン	×	33	463	144	1.0～6.0
酢酸	○	39	463	118	4.0～19.9

(1)　正しい。灯油は、原油の精製過程で得られる成分（ケロシン）からつくられる石油製品です。

(2)　誤り。第2石油類は引火点が常温より高いため、加熱等によって液温が引火点以上にならなければ、引火する危険性は高くありません。

ただし、霧状にすると、常温でも引火する危険性が高まるので、注意が必要です。

(3)　正しい。電気の不導体（ふどうたい）なので、静電気（せいでんき）の発生・蓄積に注意が必要です。

(4)　正しい。ガソリンとよく混じり合い、引火する危険性が高くなります。

(5)　正しい。灯油の発火点は220℃です。

正解（2）

問題2　解説

灯油、軽油⇨㊙ P.141

ここがPOINT!

	灯油	軽油
液体の色	無色またはやや黄色（淡紫黄色）	淡黄色または淡褐色
臭気	特有の臭気（石油臭）	特有の臭気（石油臭）
液比重	0.8程度	0.85程度
蒸気比重	4.5（かなり重い）	4.5（かなり重い）

(1)　誤り。これは灯油です。軽油は、淡黄色または淡褐色（たんかっしょく）の液体です。

(2)　正しい。このため、一般にはディーゼル油ともよばれています。なお、軽油も灯油と同様、原油から分留（ぶんりゅう）された石油製品です。

(3)、(4)、(5)　正しい内容です。

正解（1）

問題3

アクリル酸の性状として、次のA～Eのうち誤っているものの組合せはどれか。

A　無色透明の液体で、刺激臭がある。

B　水には溶けない。

C　腐食性がある。

D　常温で引火する危険性がある。

E　非常に重合しやすく、重合熱が大きいので発火・爆発の危険がある。

(1)　A　B

(2)　A　E

(3)　B　D

(4)　C　D

(5)　C　E

問題4

酢酸の性状として、次のうち誤っているものはどれか。

(1)　比重は1より小さい。

(2)　蒸気は空気より重い。

(3)　金属を腐食する。

(4)　水、ベンゼン、エーテルに溶ける。

(5)　高濃度の酢酸は、冬期になると氷結する。

問題3 解説

アクリル酸⇨㊣P.144

ここがPOINT!

アクリル酸の主な性質
①無色透明の液体で、刺激臭がある ②腐食性があるので危険 ③非常に重合しやすく、重合熱が大きいので発火・爆発の危険がある（市販のものは重合防止剤を添加） ④引火点 51℃、発火点 438℃、比重 1.06、蒸気比重 2.45、融点 14℃（液温が低くなると凝固する） ⑤水、アルコール、ジエチルエーテルによく溶ける

A、C、Eは正しいです。

B　誤り。水によく溶けます。

D　誤り。引火点は51℃です。常温（20℃）では、引火の危険はありません。

正解（3）

問題4 解説

酢酸⇨㊣P.143

ここがPOINT!

酢酸の主な性質
①無色透明の液体で、刺激臭がある
②液比重が1より大きい
③蒸気比重 2.1 ④引火点 39℃
⑤凝固点 16.7℃
⑥水溶液は弱酸性を示し、腐食性が強い

(1)　誤り。酢酸（さくさん）は液比重1.05であり、水よりやや重い液体です。

(2)　正しい。蒸気比重2.1なので、空気より重いです。

(3)　正しい。水溶液には腐食性（ふしょくせい）があり、金属などを強く腐食します。

(4)　正しい。水に溶ける（水溶性）ほか、エタノール、ベンゼン、エーテル（ジエチルエーテル）などの有機溶剤にも溶けます。

(5)　正しい。純粋な酢酸の凝固（ぎょうこ）点は常温よりやや低い16.7℃なので、高濃度の酢酸は冬期になると氷結します。

正解（1）

高濃度（濃度96%以上）の酢酸のことを一般に「氷酢酸（ひょうさくさん）」とよんでいます。

9 第3石油類

問題1 重要

第３石油類について、次のうち誤っているものはどれか。

(1) 重油のほか、クレオソート油などが該当する。

(2) 水溶性のものとしては、グリセリンなどがある。

(3) 重油の沸点は、100℃より高い。

(4) 引火点が21℃以上70℃未満の液体である。

(5) 重油は、一般に水より軽い。

問題２

重油の性状等について、次のうち誤っているものはどれか。

(1) 日本産業規格では、A重油、B重油およびC重油に分類されている。

(2) 引火点は、種類などによって異なる。

(3) 褐色または暗褐色の液体である。

(4) 不純物として含まれている硫黄は、燃えると有毒ガスになる。

(5) 発火点は70℃～150℃程度である。

問題1　解説

第3石油類⇨㊟ P.146

ここがPOINT!

物品名	比重	水溶性	引火点〔℃〕	発火点〔℃〕	沸点〔℃〕
重油	0.9～1.0	×	60～150	250～380	300以上
クレオソート油	1.0以上	×	73.9	336.1	200以上
グリセリン	1.3	○	199	370	291

(1)　正しい。第３石油類で最も重要なのは、重油です。

(2)　正しい。グリセリンはニトログリセリン（第５類）の原料となります。

(3)　正しい。重油の沸点（ふってん）は300℃以上です（混合物なので一定ではない）。

(4)　誤り。これは第２石油類の定義です。第３石油類は、引火点70℃以上200℃未満の液体です（→P.89）。

(5)　正しい。第３石油類は、比重が１より大きく水に浮かないものが多いのですが、重油は一般に水よりやや軽いことに注意しましょう。

正解（4）

問題２　解説

重油⇨㊟ P.147

ここがPOINT!

重油の主な特徴
①１種（A 重油）、２種（B 重油）、３種（C 重油）に分類されている
②褐色または暗褐色の粘性のある液体　　③特有な臭気がある
④燃えると、不純物として含まれている硫黄が有毒な亜硫酸ガスとなる

(1)　正しい。日本産業規格では、重油を粘りの少ない順に、１種（A重油）、２種（B重油）、３種（C重油）の３種類に分類しています。

(2)　正しい。重油の引火点は、１種（A重油）と２種（B重油）が60℃以上、３種（C重油）が70℃以上と規定されています。

A重油とB重油は引火点が70℃以上ではありませんが、重油であれば第３石油類に指定されます。

(3)、(4)　正しい内容です。

(5)　誤り。重油の発火点は250℃～380℃程度です。

正解（5）

10 第4石油類

問題1

第４石油類について、次のうち誤っているものはどれか。

(1)　潤滑油、可塑剤などに該当するものが多くみられる。

(2)　一般に水に溶けず、水より重い。

(3)　常温（20℃）では揮発しにくい。

(4)　粘り気の大きいものが多い。

(5)　粉末消火剤の放射による消火は有効である。

問題２

次の文の（　　）内のA～Cに当てはまる語句の組合せとして、正しいものはどれか。

「第４石油類に該当する危険物は、一般に（　A　）が高いため、（　B　）しない限り引火する危険性はないが、重油火災と同様、いったん燃えはじめると（　C　）が非常に高くなるため、消火が困難となる場合が多い」

	A	B	C
(1)	引火点	加熱	周囲の温度
(2)	発火点	加熱	周囲の温度
(3)	引火点	加熱	液温
(4)	発火点	沸騰	周囲の温度
(5)	沸点	沸騰	液温

問題1　解説

第4石油類⇨㊣ P.150

ここがPOINT!

種類	性質
潤滑油　ギヤー油（自動車） シリンダー油（一般機械） 切削油 可塑剤　フタル酸エステル　など	①引火点200℃以上250℃未満 ②粘性のある液体 ③一般に、液比重＜1 ④水に溶けない

(1)　正しい。第４石油類にはギヤー油やシリンダー油、切削油（せっさくゆ）などの潤滑油（じゅんかつゆ）をはじめ、可塑剤（かそざい）など多くの種類が含まれます。

(2)　誤り。水に溶けず、液比重＜１（水より軽い）のものがほとんどです。

(3)　正しい。引火点が200℃以上と高いため、常温では揮発性（きはつせい）がほとんどありません。

(4)　正しい。粘り気（粘性（ねんせい））の高い液体です。

(5)　正しい。窒息（ちっそく）消火が効果的です。　正解（2）

問題2　解説

第4石油類⇨㊣ P.151

ここがPOINT!

第４石油類の火災の特徴
①引火点が高いため、常温（20℃）で引火する危険性はない（ただし、霧状にした場合は、引火点より低くても引火の危険あり）
②いったん燃え出すと、液温が高くなるため、消火が困難となる

第４石油類は、１気圧において引火点が200℃以上250℃未満の危険物です。引火点が高く、揮発性がほとんどないため、加熱などしない限りは引火の危険性はありません。しかし、いったん燃えはじめると、発熱量が大きいため、第４石油類自体の液温が非常に高くなり、消火が困難となります。　正解（3）

> 重油（第３石油類）の場合も、いったん火災になると液温が非常に高くなるため消火が困難です。

11 動植物油類

問題1 

動植物油類の性状として、次のうち誤っているものはどれか。

(1)　水に溶けない。

(2)　動植物油類が染み込んだ布や紙を、長い間、風通しの悪い場所に積んでおくと、自然発火を起こすことがある。

(3)　アマニ油は、ぼろ布などに染み込ませて放置すると自然発火しやすい。

(4)　引火点は、100℃～150℃である。

(5)　容器内で燃焼しているものに注水すると、燃えている油が飛散する。

問題2

次の文の（　　）内のA～Cに当てはまる語句の組合せとして、正しいものはどれか。

「動植物油類のうち、（　A　）はよう素価が（　B　）、（　C　）が高いため、空気中の酸素と反応しやすく、この反応で発生した熱が蓄積していくと、自然発火を起こす危険がある」

	A	B	C
(1)	不乾性油	大きく	不飽和度
(2)	乾性油	小さく	飽和度
(3)	不乾性油	小さく	不飽和度
(4)	半乾性油	大きく	飽和度
(5)	乾性油	大きく	不飽和度

問題1　解説

動植物油類⇨㊟P.154

ここがPOINT!

種　類	性　質
乾性油……アマニ油 半乾性油…ナタネ油 不乾性油…ヤシ油	①引火点は**250**℃未満（一般に200℃以上） ②水に溶けず、水より軽い ③**布**などに染み込ませ、**熱**が蓄積されやすい状態で放置すると、**自然発火**することがある

(1)　正しい。水に溶けず、水よりも軽い淡黄色の液体です。

(2)、(3)　正しい。動植物油類を布などに染み込ませて放置すると、空気中の酸素と**酸化反応**が進み、そのとき生じる**酸化熱**が蓄積していくと、やがて発火点に達して自然発火を起こします。不乾性油（ふかんせい）よりも**乾性油**（かんせい）（アマニ油など）のほうが**酸化**しやすく、また、風通しの悪い場所に積んでおくなど熱を蓄積しやすい状態では、**自然発火**の危険性が高くなります。

(4)　誤り。動植物油類の引火点は、一般に200℃以上です。

(5)　正しい。水に溶けず、水より軽い油に注水消火は不適切です。　**正解（4）**

問題2　解説

よう素価⇨㊟P.155

ここがPOINT!

大きい　←	よう素価	→　小さい
乾性油		**不乾性油**
不飽和脂肪酸**多い**		不飽和脂肪酸**少ない**
自然発火**しやすい**		自然発火**しにくい**

動植物油類は、**不飽和**（ふほうわ）脂肪酸を成分に含み、この不飽和脂肪酸の**不飽和度**が高いほど空気中の酸素との酸化反応が進みます。**よう素価**は油脂（ゆし）100gに結びつくよう素の量をg数で表したものですが、このよう素価が**大きい**ほど不飽和度が高いことを意味します。乾性油は不乾性油より多くの不飽和脂肪酸を含んでおり、よう素価が大きい（＝不飽和度が高い）ため**酸化**しやすいのです。

正解（5）

動植物油などの脂肪油は、空気中の**酸素**と結びつくと**樹脂状**（じゅし）に固まりやすい性質があり、これを油脂の乾燥（固化）といいます。乾性油は乾燥しやすいわけです。

12 第4類危険物の総合問題

問題1 重要

次の A～D について、引火点が低いものから高いものの順になっているもののみを掲げているものはどれか。

A　灯油　→　ギヤー油　→　重油

B　二硫化炭素　→　メタノール　→　シリンダー油

C　自動車ガソリン　→　エタノール　→　クレオソート油

D　トルエン　→　軽油　→　ジエチルエーテル

(1)　A　C

(2)　A　D

(3)　B　C

(4)　B　D

(5)　C　D

問題 2

次のうち、水に溶ける危険物のみを掲げているものはどれか。

(1)　メタノール、ベンゼン、灯油

(2)　アセトアルデヒド、エタノール、アセトン

(3)　二硫化炭素、シリンダー油、グリセリン

(4)　酸化プロピレン、トルエン、キシレン

(5)　ジエチルエーテル、酢酸、クレオソート油

問題1　解説

第4類危険物の分類⇨㊣ P.116

ここがPOINT!

品　名	引火点	代表的な物品名
特殊引火物	−20℃以下	ジエチルエーテル、二硫化炭素、アセトアルデヒド、酸化プロピレン
第１石油類	21℃未満	ガソリン、ベンゼン、トルエン、アセトン
アルコール類	11～23℃程度	メタノール、エタノール
第２石油類	21～70℃未満	灯油、軽油、キシレン、酢酸
第３石油類	70～200℃未満	重油、クレオソート油、グリセリン
第４石油類	200～250℃未満	ギヤー油、シリンダー油
動植物油類	250℃未満	アマニ油、ヤシ油

第４類の危険物は、基本的に引火点の違いによって７つの品名に分類されています（なお、特殊引火物については、発火点100℃以下のもの、または引火点−20℃以下であって沸点（ふってん）40℃以下のもの、とされています）。

以上より、正解はBとCです。

正解（3）

上の表はとても大切です。第○石油類の引火点の数値の覚え方は、「古い（21）納豆（70）、匂う（200）ふところ（250）」です。ガソリンの引火点−40℃以下や、メタノール11℃、エタノール13℃なども必ず覚えておきましょう。

問題 2　解説

主な第4類危険物の性状⇨㊣ P.119

ここがPOINT!

水に溶ける第４類危険物

品名	物品名	品名	物品名
特殊引火物	ジエチルエーテル	アルコール類	メタノール
	アセトアルデヒド		エタノール
	酸化プロピレン	第２石油類	酢酸
第１石油類	アセトン	第３石油類	グリセリン

水に溶ける危険物は、品名ごとに覚えておきましょう。

正解（2）

分野別重点問題 3

危険物に関する法令

ここでは、「危険物に関する法令」の厳選された46の問題とその解説を掲載しています。

法令については、覚えなければいけないことも多いですが、各問の「ここがPOINT!」を参考にしながら問題演習を進め、着実に知識を固めていきましょう。

分野別重点問題

3 危険物に関する法令

1 危険物の定義と種類

問題1

法令上、次の文の（　　）内に当てはまるものはどれか。

「特殊引火物とは、ジエチルエーテル、二硫化炭素その他1気圧において、発火点が 100℃以下のものまたは（　　）のものをいう」

(1)　引火点が－20℃以下

(2)　引火点が21℃未満

(3)　引火点が21℃未満で沸点が40℃以下

(4)　引火点が－20℃以下で沸点が40℃以下

(5)　沸点が40℃以下

問題2 重要

法令に定める危険物の説明として、次のうち正しいものはどれか。

(1)　第1石油類とは、アセトン、ガソリンその他、1気圧において引火点が－20℃未満のものをいう。

(2)　第2石油類とは、灯油、軽油その他、1気圧において引火点が21℃未満のものをいう。

(3)　第3石油類とは、重油、クレオソート油その他、1気圧において引火点が70℃以上200℃未満のものをいう。

(4)　第4石油類とは、ギヤー油、アマニ油その他、1気圧において引火点が200℃以上250℃未満のものをいう。

(5)　動植物油類とは、動物の脂肉等または植物の種子もしくは果肉から抽出したものであって、1気圧において引火点が150℃未満のものをいう。

問題1　解説

第4類危険物の品名の定義⇨㊣ P.168

ここがPOINT!

特殊引火物	ジエチルエーテル、二硫化炭素その他１気圧において、発火点が100℃以下のものまたは引火点が－20℃以下で沸点が40℃以下のもの
アルコール類	１分子を構成する炭素の原子の数が１個から３個までの飽和１価アルコール（変性アルコールを含む）。ただし、その含有量が60%未満の水溶液は除く
動植物油類	動物の脂肉等または植物の種子もしくは果肉から抽出したものであって、１気圧において引火点が250℃未満のもの

消防法では、「危険物とは、別表第一の品名欄に掲げる物品で、同表に定める区分に応じ同表の性質欄に掲げる性状を有するものをいう」と定めており、別表第一の備考に、第１類～第６類の危険物のほか、第４類の品名ごとの定義などを規定しています。特殊引火物の定義は、上の表のように定められています。

正解（4）

二硫化炭素（にりゅうか）の沸点（ふってん）は46℃（40℃以下ではない）ですが、発火点が90℃（100℃以下）なので特殊引火物です。

問題２　解説

第4類危険物の品名の定義⇨㊣ P.168

ここがPOINT!

第１石油類	アセトン、ガソリンその他１気圧において引火点が21℃未満のもの
第２石油類	灯油、軽油その他１気圧において引火点が21℃以上70℃未満のもの
第３石油類	重油、クレオソート油その他１気圧において引火点が70℃以上200℃未満のもの
第４石油類	ギヤー油、シリンダー油その他１気圧において引火点が200℃以上250℃未満のもの

(1)、(2)、(5)　誤り。いずれも引火点が間違っています。

(3)　正しい内容です。

(4)　誤り。アマニ油は第４石油類ではなく、動植物油類です。

正解（3）

2 指定数量と倍数計算

問題1 重要

法令上、危険物の品名、物品名および指定数量の組合せで、次のうち誤っているものはどれか。

	品名	物品名	指定数量
(1)	特殊引火物	ジエチルエーテル	50L
(2)	第1石油類	アセトン	200L
(3)	アルコール類	メタノール	400L
(4)	第4石油類	ギヤー油	6,000L
(5)	動植物油類	アマニ油	10,000L

問題2 重要

法令上、同一の貯蔵所で次の危険物を同時に貯蔵する場合、指定数量の倍数の合計はいくらになるか。

ガソリン……………………80L
灯油…………………………300L
酢酸…………………………200L
重油…………………………1,000L

(1) 1.8倍
(2) 1.7倍
(3) 1.4倍
(4) 1.3倍
(5) 1.1倍

問題1　解説

危険物の規制と指定数量⇨㊣ P.170

ここがPOINT!

	指定数量
特殊引火物	50L
ガソリンなど（第1石油類の非水溶性）	200L
アルコール類	400L
灯油・軽油など（第2石油類の非水溶性）	1,000L
重油など（第3石油類の非水溶性）	2,000L

(1)　正しい。特殊引火物は、水に溶けても溶けなくても指定数量50Lです。

(2)　誤り。非水溶性の第1石油類であれば指定数量200Lですが、アセトンは水溶性なので指定数量は2倍の400Lになります。なお、水溶性・非水溶性の区分があるのは、第1・第2・第3石油類だけです。

(3)　正しい。アルコール類の指定数量は、すべて400Lです。

(4)　正しい。第4石油類の指定数量は、すべて6,000Lです。

(5)　正しい。動植物油類の指定数量は、すべて10,000Lです。

正解（2）

問題2　解説

指定数量の倍数⇨㊣ P.171

ここがPOINT!

指定数量の倍数…1以上であると、指定数量以上の危険物の貯蔵または取扱いをしていることになり、消防法による規制を受ける

●同一の場所で、危険物AとBの貯蔵・取扱いを行っている場合

$$\text{指定数量の倍数} = \frac{\text{実際のAの数量}}{\text{Aの指定数量}} + \frac{\text{実際のBの数量}}{\text{Bの指定数量}}$$

ガソリン（第1石油類非水溶性）	→指定数量200L	∴80÷200＝0.4倍
灯油（第2石油類非水溶性）	→指定数量1,000L	∴300÷1,000＝0.3倍
酢酸（さくさん）（第2石油類水溶性）	→指定数量2,000L	∴200÷2,000＝0.1倍
重油（第3石油類非水溶性）	→指定数量2,000L	∴1,000÷2,000＝0.5倍

これらを合計して、0.4＋0.3＋0.1＋0.5＝1.3倍になります。

正解（4）

3 危険物規制の法体系

問題1

法令上、指定数量以上の危険物の貯蔵や取扱いについて規制されているが、指定数量未満の危険物について、次のうち正しいものはどれか。

(1) 法令上、まったく規制されておらず、自由である。

(2) 指定数量以上の危険物と同様に規制される。

(3) 貯蔵・取扱い・運搬のすべてについて、危険物の規制に関する政令および危険物の規制に関する規則によって規制される。

(4) 貯蔵・取扱い・運搬のすべてについて、市町村条例で規制される。

(5) 貯蔵・取扱いは市町村条例、運搬は消防法によって規制される。

問題2 重要

法令上、次の文の（　　）内のA～Cに当てはまる語句の組合せとして、正しいものはどれか。

「指定数量以上の危険物は、（　A　）以外の場所において貯蔵または取扱いをすることができない。ただし、（　B　）から承認を受けて、指定数量以上の危険物を、（　C　）以内の期間に、仮に貯蔵し、または取り扱う場合は、この限りでない」

	A	B	C
(1)	製造所	所轄消防長または消防署長	10日
(2)	製造所	市町村長	14日
(3)	製造所等	所轄消防長または消防署長	10日
(4)	貯蔵所	都道府県知事	14日
(5)	製造所等	市町村長	10日

問題1 解説

危険物の規制と指定数量⇨㊈ P.170

ここがPOINT!

危険物の貯蔵・取扱い
指定数量以上…………消防法、政令、規則等による規制
指定数量未満…………市町村の条例による規制
危険物の運搬
指定数量に関係なく…消防法、政令、規則等による規制

指定数量とは、危険物の貯蔵または取扱いが消防法による規制を受けるかどうかを決める基準量です。**指定数量以上**（倍数が1以上）の危険物の貯蔵または取扱いについては、**消防法**による規制を受けます。

一方、指定数量未満の危険物の貯蔵または取扱いについては、消防法ではなく、それぞれの**市町村**が定める条例によって規制されます。また、危険物の運搬（うんぱん）については、**指定数量**と関係なく、**消防法**による規制を受けます。

以上より、正しいものは（5）です。　**正解（5）**

消防法を具体化したものが、危険物の規制に関する政令と危険物の規制に関する規則です（本書ではそれぞれ「政令」「規則」とよびます）。

問題2 解説

仮貯蔵・仮取扱い⇨㊈ P.180

ここがPOINT!

指定数量以上の危険物	原則	市町村長等の**許可**を受けて設置した**製造所等**で貯蔵・取扱い
	例外	**10日間**以内に限り、**消防長**または**消防署長**の**承認**を受けた場所で**仮貯蔵**・**仮取扱い**

指定数量以上の危険物は、製造所等以外の場所での貯蔵・取扱いが禁止されています。ただし、所轄（しょかつ）の**消防長**または**消防署長**に申請して**承認**を受けることにより、**10日間**以内に限り製造所等以外の場所での貯蔵・取扱いが認められます。この制度を**仮貯蔵・仮取扱い**といいます。また、**製造所等**という場合は、製造所のほかに**貯蔵所**と**取扱所**（→P.99）を含むことに注意しましょう。以上より、正しいものは（3）です。　**正解（3）**

4 製造所等の区分

問題1

法令上、製造所等の区分に関する一般的な説明について、次のうち誤っているものはどれか。

(1) 製造所とは危険物を製造する施設をいい、危険物を加工するだけの施設は製造所ではなく、一般取扱所に区分される。

(2) 屋内貯蔵所とは、屋内の場所において危険物を貯蔵しまたは取り扱う貯蔵所をいう。

(3) 屋外貯蔵所とは、屋外にあるタンクにおいて危険物を貯蔵しまたは取り扱う貯蔵所をいう。

(4) 移動タンク貯蔵所とは、車両に固定されたタンクにおいて危険物を貯蔵しまたは取り扱う貯蔵所をいい、一般にタンクローリーとよばれる。

(5) 店舗において容器入りのまま販売するため、指定数量の倍数が15以下の危険物を取り扱う取扱所を、第1種販売取扱所という。

問題2 重要

屋外貯蔵所において、貯蔵または取扱いができる危険物の組合せとして、次のうち正しいものはどれか。

(1) メタノール、クレオソート油、ジエチルエーテル

(2) 硫黄、軽油、重油

(3) 二硫化炭素、エタノール、動植物油類

(4) シリンダー油、アセトン、引火点0℃以上の引火性固体

(5) 灯油、ガソリン、ギヤー油

問題1　解説

危険物施設の区分⇨㊙ P.174

ここがPOINT!

- 危険物施設は、製造所・貯蔵所・取扱所の３つに区分される
- 貯蔵所（７種類）
  - 容器に収納して貯蔵
    - ①屋内貯蔵所（倉庫）
    - ②屋外貯蔵所（野積み）
  - タンクに貯蔵
    - ①屋内タンク貯蔵所
    - ②屋外タンク貯蔵所
    - ③地下タンク貯蔵所
    - ④簡易タンク貯蔵所
    - ⑤移動タンク貯蔵所
- 取扱所（４種類）
  - ①給油取扱所
    …ガソリンスタンド
  - ②販売取扱所
    第１種（指定数量の倍数 15 以下）
    第２種（指定数量の倍数 15 超 40 以下）
  - ③移送取扱所
    …パイプライン施設など
  - ④一般取扱所…①～③以外の取扱所

(1)、(2)、(4)　正しい内容です。

(3)　誤り。これは屋外貯蔵所ではなく、屋外タンク貯蔵所の説明です。

(5)　正しい。危険物の製造と貯蔵以外の目的で指定数量以上の危険物を取り扱う施設を取扱所といいます。

正解（3）

製造所等のことを「危険物施設」ともよびます。

問題2　解説

屋外貯蔵所で貯蔵・取扱いできる危険物⇨㊙ P.175

ここがPOINT!

屋外貯蔵所で貯蔵・取扱いできる危険物は以下のものに限られる
①第２類危険物のうち、硫黄、引火性固体（引火点０℃以上のもの）
②第４類危険物のうち、特殊引火物以外のもの
ただし、第１石油類は引火点０℃以上のみ　ガソリン・アセトンは不可

屋外貯蔵所は、屋外の場所において危険物を貯蔵しまたは取り扱う貯蔵所です。貯蔵・取扱いできる危険物が限定されているので注意が必要です。(1) はジエチルエーテル、(3) は二硫化（にりゅうか）炭素、(4) はアセトン、(5) はガソリンが屋外貯蔵所で貯蔵・取扱いできない危険物に該当します。

正解（2）

5 製造所等の設置許可

問題1

法令上、製造所等を設置する場合の手続きとして、次のうち正しいものはどれか。

(1) 消防長または消防署長に届け出る。

(2) 消防長または消防署長に申請して承認を受ける。

(3) 市町村長等に届け出る。

(4) 市町村長等に申請して認可を受ける。

(5) 市町村長等に申請して許可を受ける。

問題2 重要

法令上、製造所等の設置または変更の許可と工事の着手について、次のうち正しいものはどれか。

(1) 設置または変更の許可を申請していれば、工事の着手について特に制限はない。

(2) 仮工事の承認を受ければ、設置または変更の許可を受ける前でも工事に着手することができる。

(3) 設置または変更の許可申請をした日から10日を経過した日以降であれば、許可を受けていなくても工事に着手することができる。

(4) 設置または変更の許可を受ける前に工事に着手することは、認められていない。

(5) 設置または変更の内容が、政令で定める技術上の基準に適合したものであれば、許可を申請する前であっても工事に着手することができる。

問題1　解説

各種申請手続き⇨㊣ P.178

ここがPOINT!

①製造所等の設置
②製造所等の位置・構造・設備の変更 ｝市町村長等の許可が必要

製造所等の設置や変更の場合は、市町村長等に申請して許可を受けなければなりません（許可申請）。

正解（5）

- 申請手続きには許可申請のほかに、承認申請・検査申請・認可申請があります。また、行政庁に届け出るだけの届出手続きもあります（→P.105）。

申請手続きは行政庁から許可や承認などを得なければならないため、届出手続きより厳しい規制です。

- 手続きの申請先・届出先は、すべて市町村長等です（仮貯蔵・仮取扱いだけは申請先が消防長または消防署長です（→P.97））。
- 「市町村長等」には、市町村長のほかに都道府県知事が含まれます。

消防本部および消防署を設置する市町村の場合	市町村長
上記以外の市町村の場合	都道府県知事

※大規模な移送取扱所については総務大臣が含まれる

問題2　解説

製造所等の設置・変更⇨㊣ P.179

ここがPOINT!

設置・変更の許可を受けるまでは、工事に着手できない
⇒無許可の変更は、設置許可の取消しまたは使用停止命令の対象
⇒無許可の設置および変更は、罰則の対象

市町村長等の許可がない限り、設置や変更の工事に着工することは認められません。(1)、(2)、(3)、(5) のような規定は存在しません。

正解（4）

6 完成検査・仮使用

問題1

液体の危険物を貯蔵するタンクを有する製造所、貯蔵所、取扱所を設置する場合の手続きとして、次のうち正しいものはどれか。

(1) 許可申請→工事開始→工事完了→許可書交付→使用開始→完成検査申請→完成検査→完成検査済証交付

(2) 許可申請→許可書交付→工事開始→完成検査前検査→工事完了→完成検査申請→完成検査→完成検査済証交付→使用開始

(3) 許可申請→許可書交付→工事開始→完成検査前検査→工事完了→完成検査済証交付→使用開始

(4) 許可申請→許可書交付→工事開始→工事完了→完成検査申請→完成検査→完成検査済証交付→使用開始

(5) 工事開始→工事完了→許可申請→許可書交付→完成検査申請→完成検査→完成検査済証交付→使用開始

問題2 重要

法令上、製造所等の仮使用の説明として、次のうち正しいものはどれか。

(1) 指定数量以上の危険物を、所轄の消防長または消防署長の承認を受けて、10日間以内の期間、製造所等の近くの空き地で仮に貯蔵すること。

(2) 製造所等を、設置工事の着手から完了までの間に仮に使用すること。

(3) 製造所等の完成検査において不備欠陥箇所があり、完成検査済証の交付が受けられなかった場合に、基準に適合している部分について仮に使用すること。

(4) 製造所等の一部を変更する場合に、変更工事に係る部分以外の全部または一部につき、市町村長等の承認を受けて完成検査前に仮に使用すること。

(5) 製造所等を全面的に変更する場合に、工事の完了した部分から順に使用していくこと。

問題1　解説

製造所等の設置・変更⇨㊢ P.179

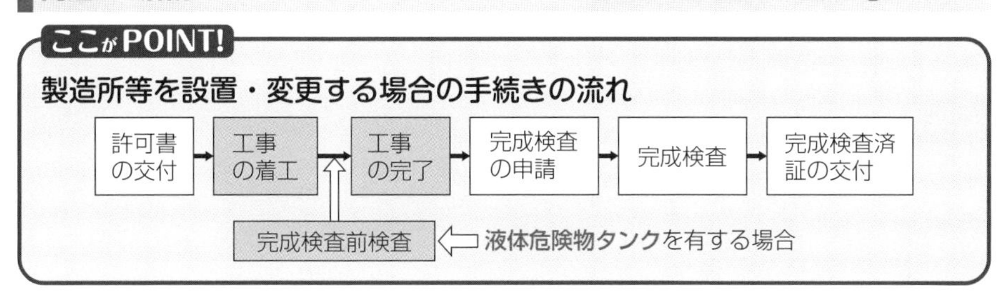

市町村長等から許可書の交付を受けて工事に着工し、工事が完了すると、次は市町村長等に**完成検査**を申請します。この検査によって技術上の基準に適合していることが認められると**完成検査済証**が交付され、**使用開始**となります。ただし、液体危険物タンクの設置・変更を伴う（ともな）場合は、そのタンクについて検査を行う必要があります。これを完成検査前検査といい、製造所等全体の工事着工と工事完了の間に行います。

正解（2）

問題2　解説

仮使用⇨㊢ P.180

ここがPOINT!

仮使用とは、①製造所等の一部について変更工事を行う場合、
②市町村長等の承認を受けて、
③変更工事とは関係がない部分を仮に使用すること

製造所等の一部を変更するだけなのに、その変更工事が完成検査に合格するまで施設全体が使用できないというのでは困ります。そこで、**仮使用**について定められています。正しい説明は（4）です。

(1)　誤り。これは、仮貯蔵の説明です。

(2)　誤り。設置工事については認められません。

(3)　誤り。仮使用は、完成検査前の**工事期間中**に認められるものです。

(5)　誤り。全面的な変更工事では、仮使用は認められません。

正解（4）

承認申請をする手続きは、仮使用と仮貯蔵・仮取扱いだけです。仮使用の申請先も市町村長等です。仮貯蔵・仮取扱いだけが申請先が消防長か消防署長です。整理しておきましょう。

7 各種届出手続き

問題1

法令上、製造所等の譲渡または引渡しを受けた場合の手続きとして、次のうち正しいものはどれか。ただし、移動タンク貯蔵所は除く。

(1)　市町村長等に届け出なければならない。
(2)　当該区域を管轄する都道府県知事の許可を受けなければならない。
(3)　改めて、市町村長等の許可を受けなければならない。
(4)　所轄消防長または消防署長の承認を受けなければならない。
(5)　市町村長等の承認を受けなければならない。

問題2

法令上、あらかじめ市町村長等に届け出なければならないのは、次のうちどれか。

(1)　製造所等の用途を廃止しようとするとき。
(2)　製造所等の譲渡を受けようとするとき。
(3)　製造所等の一部を変更する場合に、変更工事に係る部分以外の部分について、完成検査前に仮使用したいとき。
(4)　製造所等で貯蔵しまたは取り扱う危険物を、数量および指定数量の倍数を変更しないで、灯油から軽油に変更しようとするとき。
(5)　製造所等の位置、構造、設備を変更しないで、その製造所等で貯蔵し、または取り扱う危険物の数量を変更しようとするとき。

問題1　解説

各種届出手続き⇨㊐ P.181

ここがPOINT!

届出を必要とする手続き⇒届出先はすべて市町村長等

①製造所等の譲渡または引渡し	遅滞なく
②製造所等の用途の廃止	遅滞なく
③危険物の品名、数量または指定数量の倍数の変更	変更しようとする日の10日前まで
④危険物保安監督者の選任・解任	遅滞なく
⑤危険物保安統括管理者の選任・解任	遅滞なく

譲渡（じょうと）とは売買などにより所有権を移転すること、引渡しは賃貸借（ちんたいしゃく）などにより事実上の支配を移転することです。製造所等の譲渡または引渡しがあったときは、譲受人または引渡しを受けた者が、遅滞（ちたい）なく市町村長等に届け出なければなりません。承認や許可は必要ないので、(2)～(5) は誤りです。

届出を必要とするのは上の表の①～⑤です。あらかじめ届け出る必要があるのは③だけで、それ以外は遅滞なく届け出ればよいことに注意しましょう。

正解（1）

危険物保安監督者、危険物保安統括（とうかつ）管理者についてはP.112、113で学習します。

問題2　解説

各種届出手続き⇨㊐ P.181

ここがPOINT!

品名、数量または指定数量の倍数の変更に、製造所等の位置、構造または設備の変更が伴う場合　⇒変更の許可申請だけをする

(1)、(2)　誤り。用途の廃止や譲受後、遅滞なく届け出れば足ります。

(3)　誤り。仮使用は承認申請手続きです。

(4)　誤り。灯油も軽油も第２石油類なので、品名の変更に該当しません。

(5)　正しい。製造所等の位置・構造・設備の変更を伴（ともな）わない場合は、危険物の品名、数量または指定数量の倍数の変更について、変更の10日前までにあらかじめ届出をする必要があります。なお、位置、構造または設備の変更を伴う場合は、そのための許可申請だけをすれば足ります。

正解（5）

8 危険物取扱者制度

問題1 重要

法令上、製造所等における危険物取扱者に関する記述として、次のうち誤っているものはどれか。

(1) 危険物取扱者は、危険物の取扱作業に従事するときは、貯蔵または取扱いの技術上の基準を遵守し、当該危険物の保安の確保について細心の注意を払わなければならない。

(2) 乙種危険物取扱者は、免状を取得した類の危険物についてのみ取り扱うことができる。

(3) 甲種危険物取扱者は、すべての危険物を取り扱うことができる。

(4) 指定数量未満であれば、危険物取扱者でなくても、危険物を取り扱うことができる。

(5) 乙種危険物取扱者が、危険物の取扱作業に関して立ち会うことができる危険物の種類は、当該免状に指定する種類の危険物に限られる。

問題2 重要

法令上、製造所等における危険物の取扱いについて、次のうち誤っているものはどれか。

(1) 危険物取扱者以外の者は、甲種または乙種危険物取扱者の立会いがなければ、危険物を取り扱ってはならない。

(2) 丙種危険物取扱者は、第4類のすべての危険物を取り扱えるわけではない。

(3) 危険物取扱者以外の者は、甲種危険物取扱者の立会いがあれば、すべての危険物を取り扱うことができる。

(4) 丙種危険物取扱者は、危険物取扱者以外の者の危険物の取扱いに立ち会うことができない。

(5) すべての乙種危険物取扱者は、丙種危険物取扱者の取り扱うことができる危険物を、自ら取り扱うことができる。

問題1　解説

危険物取扱者⇨㊌P.184

ここがPOINT!

危険物取扱者の免状には、甲種・乙種・丙種の３種類がある。

	取扱い	立会い
甲　種	すべての類の危険物	すべての類の危険物
乙　種	免状を取得した類の危険物	免状を取得した類の危険物
丙　種	第４類の特定の危険物	できない

(1)　正しい。危険物取扱者の責務として、政令に定められています。

(2)、(5)　正しい内容です。

(3)　正しい。甲種（こうしゅ）危険物取扱者は、すべての類の危険物について、取扱いと立会いができます。

(4)　誤り。たとえ指定数量未満であっても、危険物取扱者でない者は、甲種または乙種（おつしゅ）の危険物取扱者の立会いがない限り、製造所等において危険物を取り扱うことができません。

正解（4）

問題2　解説

危険物取扱者⇨㊌P.184

ここがPOINT!

丙種危険物取扱者が取り扱える危険物⇒第４類のうち以下のもの

特殊引火物	×	第３石油類	重油、潤滑油、引火点130℃以上のもの
第１石油類	ガソリンのみ		
アルコール類	×	第４石油類	すべて
第２石油類	灯油、軽油のみ	動植物油類	すべて

※なお、ギヤー油とシリンダー油を除き、引火点200℃未満の潤滑油は第３石油類に区分される。

(1)、(3)　正しい内容です。

(2)、(4)　正しい。丙種（へいしゅ）危険物取扱者は、第４類のうち特定の危険物（上の表）しか取り扱えません。また、自ら取り扱える危険物についても、危険物取扱者でない者の取扱いに立ち会うことはできません。

(5)　誤り。免状を取得した類が第４類以外である場合は取り扱えません。

正解（5）

9 危険物取扱者免状

問題1 重要

法令上、危険物取扱者免状の交付および書換えについて、次のうち誤っているものはどれか。

(1)　消防法令に違反して罰金以上の刑に処せられた者は、その執行を終わり、または執行を受けることがなくなった日から起算して２年を経過しなければ、免状の交付を受けることができない。

(2)　本籍地の属する都道府県が変わったときは、遅滞なく、免状の書換えを申請しなければならない。

(3)　免状に添付している写真は、交付を受けた日から15年ごとに、書換えの申請をしなければならない。

(4)　免状の書換えは、免状を交付した都道府県知事のほか、居住地もしくは勤務地を管轄する都道府県知事に申請することができる。

(5)　免状の返納を命じられた者は、その日から起算して１年を経過しなければ、免状の交付を受けることができない。

問題2 重要

法令上、危険物取扱者免状を亡失、滅失、または汚損、破損した場合の免状の再交付の申請について、次のうち誤っているものはどれか。

(1)　当該免状を交付した都道府県知事に申請することができる。

(2)　当該免状の書換えをした都道府県知事に申請することができる。

(3)　免状の交付・書換えをしたのとは異なる、勤務地を管轄する都道府県の知事に申請することもできる。

(4)　免状の汚損または破損によって再交付を申請する場合は、申請書にその免状を添えて提出しなければならない。

(5)　免状を亡失して再交付を受けた者が、亡失した免状を発見した場合は、その免状を、再交付を受けた都道府県知事に、10日以内に提出しなければならない。

問題1　解説

危険物取扱者免状⇨㊣ P.185

ここがPOINT!

①危険物取扱者免状は、試験の合格者に対して都道府県知事が交付する
②免状の記載事項…1）免状の交付年月日、交付番号　2）氏名、生年月日　3）本籍地の属する都道府県　4）免状の種類、取り扱うことができる危険物、甲種・乙種危険物取扱者がその取扱作業に関して立ち会える危険物の種類　5）過去10年以内に撮影した写真

(1)　正しい。罰金以上の刑であることと、2年という期間が重要です。
(2)　正しい。免状の記載事項に変更を生じたときは、遅滞（ちたい）なく免状の書換えを申請します。なお、記載事項に現住所や勤務地は含まれていません。
(3)　誤り。「過去10年以内に撮影した写真」が記載事項とされているため、10年経過するごとに必ず免状の書換えをしなければなりません。
(4)　正しい。市町村長等ではないことに注意しましょう。
(5)　正しい。消防法令に違反すると、都道府県知事から免状の返納を命じられることがあるので注意しましょう。

正解（3）

なお、危険物取扱者免状に更新の制度はありません。免状の書換えは、資格の更新ではありません。

問題2　解説

免状の再交付⇨㊣ P.186

ここがPOINT!

危険物取扱者免状の各手続き申請先（いずれも都道府県知事）

手続き	申請先
①交付	受験した都道府県の知事
②書換え	免状を交付した知事、または居住地もしくは勤務地の知事
③再交付	免状を交付した知事、または書換えをした知事
④亡失した免状を発見したとき	再交付を受けた知事

(3)　誤り。再交付の申請ができるのは、免状を交付した知事と書換えをした知事に対してだけです。
(1)、(2)、(4)、(5)　正しい内容です。亡失（ぼうしつ）していた免状を再交付後に発見した場合に、発見した古い免状を、再交付を受けた知事に10日以内に提出するという手続きはよく出題されます。

正解（3）

10 保安講習

問題1 重要

法令上、危険物の取扱作業の保安に関する講習（以下「講習」という）について、次のうち誤っているものはどれか。

(1)　製造所等において、現に危険物の取扱作業に従事している危険物取扱者が、受講の対象者となる。

(2)　危険物取扱者であっても、製造所等において危険物の取扱作業に従事していない者は、講習を受ける必要はない。

(3)　受講義務のある危険物取扱者のうち、甲種および乙種危険物取扱者は1年に1回、丙種危険物取扱者は3年に1回、受講を繰り返す必要がある。

(4)　受講義務のある危険物取扱者が受講しなかった場合は、免状返納命令の対象になる。

(5)　免状の交付を受けた都道府県だけでなく、他の都道府県で行われている講習を受講することも可能である。

問題2

危険物取扱者免状を交付された後、10カ月間、危険物の取扱いに従事していなかった者が、新たに危険物の取扱いに従事することとなった。この場合、危険物の取扱作業の保安に関する講習の受講時期として、次のうち正しいものはどれか。

(1)　従事する直前に受講しなければならない。

(2)　従事することになった日から1年以内に受講しなければならない。

(3)　従事することになった日から3年以内に受講しなければならない。

(4)　免状を交付された日以後における最初の4月1日から3年以内に受講しなければならない。

(5)　免状を交付された日から3年以内に受講しなければならない。

問題1　解説　　保安講習⇨速 P.187

ここがPOINT!

保安講習（「危険物の取扱作業の保安に関する講習」のこと）
①受講義務者…危険物取扱者のうち、製造所等において現に危険物取扱作業に従事している者
②受講の時期…危険物の取扱いに従事することとなった日から1年以内に受講し、その後は3年以内ごとに受講を繰り返す

(1)、(2)　正しい内容です。また、危険物取扱者でない者は、危険物取扱作業に現に従事していても受講義務がありません。

(3)　誤り。受講義務は甲種（こうしゅ）、乙種（おつしゅ）、丙種（へいしゅ）を問わず同一であり、いずれも一度講習を受けた後は、講習を受けた日以降の最初の4月1日から3年以内に受講を繰り返す義務があります。

(4)　正しい。消防法令に違反していることになるからです。

(5)　正しい。いずれの都道府県で受講してもかまいません。　正解（3）

問題2　解説　　保安講習⇨速 P.187

ここがPOINT!

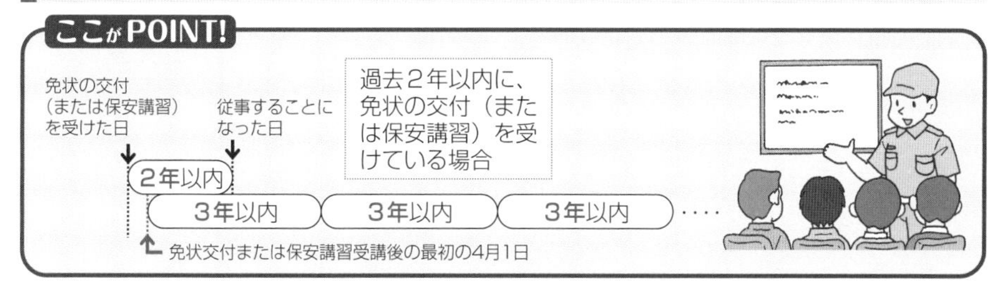

原則としては、危険物の取扱いに従事することとなった日から1年以内に受講する必要がありますが、危険物の取扱いに従事することになった日から過去2年以内に免状の交付（または保安講習）を受けている場合は、免状の交付（または保安講習）を受けた日以降の最初の4月1日から3年以内に受講すればよいとされています。本問の場合は、従事することになった日から10カ月前（過去2年以内）に免状の交付を受けているので、免状交付日以降の最初の4月1日から3年以内に受講することになります。　正解（4）

11 危険物保安監督者等

問題1

法令上、危険物保安監督者、危険物施設保安員および危険物保安統括管理者に関する記述として、次のうち誤っているものはどれか。

(1) 危険物施設保安員は、危険物保安監督者のもとで製造所等の構造および設備に係る保安のための業務の補佐を行う。

(2) 危険物保安統括管理者は、事業所全体としての危険物の保安に関する業務を統括的に管理する。

(3) 危険物施設保安員および危険物保安統括管理者は、危険物取扱者でなくてもよい。

(4) 製造所等の所有者、管理者または占有者は、危険物施設保安員を定めたときは、その旨を市町村長等に届け出なければならない。

(5) 危険物施設保安員は、製造所等の構造および設備に異常を発見した場合は、危険物保安監督者その他関係のある者に連絡するとともに、状況を判断して適切な措置を講じなければならない。

問題2 重要

法令上、危険物保安監督者に関する記述として、次のうち誤っているものはどれか。

(1) 製造所、給油取扱所および移動タンク貯蔵所には、貯蔵または取り扱う危険物の数量と関係なく、常に選任しなければならない。

(2) 甲種または乙種の危険物取扱者であって、製造所等において6カ月以上の危険物取扱いの実務経験を有する者から選任しなければならない。

(3) 危険物保安監督者を定めたとき、または解任したときは、遅滞なくその旨を市町村長等に届け出なければならない。

(4) 危険物の取扱作業に関して保安の監督をする場合は、誠実にその職務を行わなければならない。

(5) 火災等の災害の防止に関して、当該製造所等に隣接する製造所等その他関連する施設の関係者との間の連絡を保たなければならない。

問題1 解説

危険物保安監督者等⇨㋮P.188

ここがPOINT!

	資格	選任・解任の届出
危険物保安監督者	甲種または乙種 実務経験6カ月以上	市町村長等に届出
危険物施設保安員	不要	不要
危険物保安統括管理者	不要	市町村長等に届出

(1)、(2)　正しい内容です。

(3)　正しい。危険物施設保安員および危険物保安統括管理者の資格については特に規定がなく、危険物取扱者でない者でもなることができます。

(4)　誤り。市町村長等への届出を必要とするのは、危険物保安監督者または危険物保安統括管理者の選任・解任です（→P.105）。

(5)　正しい。危険物施設保安員の業務の1つです。

正解（4）

危険物施設保安員、危険物保安統括管理者を選任するのは、一定規模以上の製造所および一般取扱所、それに移送取扱所の3種類だけです。

問題2 解説

危険物保安監督者⇨㋮P.188

ここがPOINT!

危険物保安監督者の選任

選任を常に必要とする施設	選任を常に必要としない施設
①製造所　②屋外タンク貯蔵所 ③給油取扱所　④移送取扱所	移動タンク貯蔵所

(1)　誤り。危険物の種類や数量と関係なく、危険物保安監督者を常に選任しなければならない施設は、製造所、屋外タンク貯蔵所、給油取扱所および移送取扱所の4種類です。移動タンク貯蔵所は、選任を常に必要としない施設です。それ以外の施設は、危険物の種類や数量によって選任します。

(2)、(3)、(4)、(5)　正しい内容です。なお、乙種危険物取扱者の場合は免状を取得した類の保安監督に限られます。また、丙種危険物取扱者には危険物保安監督者になる資格がありません。

正解（1）

12 予防規程

問題1

法令上、A～E に掲げる製造所等のうち、指定数量の倍数によって予防規程を定めなければならないもののみの組合せはどれか。

A　製造所
B　地下タンク貯蔵所
C　移動タンク貯蔵所
D　販売取扱所
E　屋外貯蔵所

(1)　A　B
(2)　A　E
(3)　B　D
(4)　C　D
(5)　C　E

問題 2　重要

法令上、予防規程に関する説明として、次のうち誤っているものはどれか。

(1)　予防規程は、当該製造所等の危険物保安監督者に作成の義務がある。
(2)　予防規程には、災害その他の非常の場合にとるべき措置に関することを定めなければならない。
(3)　製造所等において発生した火災のために受けた損害の調査に関する事項は、予防規程に定めるべき事項に含まれない。
(4)　予防規程には、危険物保安監督者が旅行、疾病その他の事故によってその職務を行うことができない場合に、その職務を代行する者に関することを定めなければならない。
(5)　予防規程を定める場合および変更する場合は、市町村長等の認可を受けなければならない。

問題1 解説

予防規程⇨㊙ P.193

ここがPOINT!

予防規程の作成が義務付けられている施設

常に作成する	給油取扱所、移送取扱所
指定数量の倍数が一定以上の場合に作成する	・10倍以上……製造所、一般取扱所 ・100倍以上 …屋外貯蔵所 ・150倍以上 …屋内貯蔵所 ・200倍以上 …屋外タンク貯蔵所

予防規程（きてい）とは、火災を予防するために製造所等がそれぞれの実情に合わせて作成する自主保安に関する規程です。指定数量の大小に関係なく予防規程を作成しなければならない施設は、給油取扱所と移送取扱所の２つだけであり、指定数量の倍数が一定以上の場合に作成が義務付けられる施設は上の表の通りです。以上より、該当するのはAとEです。

正解（2）

問題２ 解説

予防規程⇨㊙ P.193

ここがPOINT!

①予防規程の作成義務者…当該製造所等の所有者、管理者または占有者
②予防規程の作成・変更…市町村長等の認可が必要（認可申請手続き）
③予防規程に定める事項…危険物の規制に関する規則に規定されている

(1)　誤り。作成義務は製造所等の所有者、管理者または占有者にあります。

(2)　正しい。予防規程に定めるべき事項は、規則によって規定されています。

(3)　正しい。予防規程の目的は製造所等の火災の予防なので、火災によって生じた損害調査などについては定めるべき事項に含まれません。

(4)　正しい。職務代行者に関することも定めるべき事項の１つです。

なお、危険物保安監督者の職務代行者は、必ずしも危険物施設保安員である必要はありません。

(5)　正しい。市町村長等は、適当でないと認めるときは認可してはならず、必要があれば予防規程の変更を命じることもできます。

正解（1）

13 定期点検

問題1 重要

次のA～Eの製造所等のうち、定期点検を実施しなければならないもののみの組合せとして、正しいものはどれか。

A　地下タンクを有する給油取扱所

B　販売取扱所

C　簡易タンク貯蔵所

D　移動タンク貯蔵所

E　指定数量の倍数が10以上の製造所

(1)　A　B　D

(2)　A　B　E

(3)　A　D　E

(4)　B　C　D

(5)　C　D　E

問題2 重要

法令上、製造所等の定期点検について、次のうち誤っているものはどれか。ただし、規則で定める漏れの点検および泡消火設備に関する点検を除く。

(1)　定期点検は、１年に１回以上行わなければならない。

(2)　原則として、危険物取扱者または危険物施設保安員が行わなければならない。

(3)　危険物取扱者または危険物施設保安員以外の者が定期点検を行う場合は、危険物取扱者の立会いを受けなければならない。

(4)　点検記録には、点検の実施について市町村長等に報告した年月日を記載しなければならない。

(5)　点検記録は、３年間保存しなければならない。

問題1　解説

定期点検⇨㊣ P.192

ここがPOINT!

定期点検を常に実施すべき施設	実施しなくてよい施設
①地下タンク貯蔵所 ②地下タンクを有する製造所 ③地下タンクを有する給油取扱所 ④地下タンクを有する一般取扱所 ⑤移動タンク貯蔵所 ⑥移送取扱所	①屋内タンク貯蔵所 ②簡易タンク貯蔵所 ③販売取扱所

定期点検を常に実施は、「地下に移動、移送」と覚えましょう。

一定の製造所等について、その所有者、管理者または占有者に製造所等を定期的に点検し、記録を作成して保存することが法令上義務付けられています。これを定期点検といいます。指定数量の倍数が一定以上の場合に実施すべき施設は、指定数量の倍数が一定以上の場合に予防規程(きてい)を作成すべき施設（→P.115）と同じです。以上より、正しい組合せはA、D、Eです。 正解（3）

定期点検では、製造所等の位置、構造および設備が、政令で定める技術上の基準に適合しているかどうかを点検します。

問題2　解説

定期点検⇨㊣ P.192

ここがPOINT!

①点検の回数	原則として１年に１回以上
②記録の保存	原則として３年間
③点検を行う者	危険物取扱者または危険物施設保安員（ただし、危険物取扱者の立会いがあれば、これ以外の者でもできる）
④点検記録の記載事項	１）製造所等の名称　２）点検の方法および結果 ３）点検年月日　４）点検者または立会者の氏名

(4)　誤り。点検記録の記載事項は上の表の④１)～４)のみです。なお、定期点検に関して市町村長等への報告義務はありません。

(1)、(2)、(3)、(5)　正しい内容です。定期点検を行う者は、丙種(へいしゅ)危険物取扱者でもよく、また、危険物施設保安員は危険物取扱者の免状を有しない者でもかまいません。

正解（4）

14 保安距離・保有空地

問題1

法令上、一定の製造所等の外壁等から50m以上の保安距離を保たなければならないとされている建築物は、次のうちどれか。

(1)　当該製造所等の敷地外にある一般の住居
(2)　重要文化財に指定されている建造物
(3)　小学校
(4)　使用電圧が35,000Vを超える特別高圧架空電線
(5)　液化石油ガス施設

問題2　重要

法令上、製造所等の周囲に保たなければならない空地（「保有空地」という）について、次のうち誤っているものはどれか。

(1)　保有空地の幅は、貯蔵または取り扱う危険物の指定数量の倍数などによって定められている。
(2)　屋内タンク貯蔵所は、保有空地を必要としない。
(3)　屋外に設置してある簡易タンク貯蔵所は、保有空地を必要とする。
(4)　保有空地には、物品等を放置してはならない。
(5)　学校や病院等、一定の保安距離を確保しなければならない施設に対しては、保有空地を設ける必要がない。

問題1 解説

保安距離⇨㊣P.196

ここがPOINT!

保安対象物		保安距離
①一般の住居（製造所等の敷地内のものは除く）		10m以上
②学校、病院、劇場その他多数の人を収容する施設		30m以上
③重要文化財等に指定された建造物		50m以上
④高圧ガス・液化石油ガス施設		20m以上
⑤特別高圧架空（かくう）電線	使用電圧 7,000V超～35,000V以下	水平距離 3m以上
	使用電圧 35,000V超	水平距離 5m以上

ゴロ合わせ
保安距離
保安の距離は、自由に
（保安距離は、10m）
サンゴに
（30m、50m、20m）
サンゴ
（3m、5m）

保安距離とは、製造所等に火災や爆発などが起きたときに、付近の住宅や学校、病院など（保安対象物とよぶ）に対して影響が及ばないよう、製造所等との間に確保しなければならない一定の距離をいいます。保安距離は上の表のように、保安対象物ごとに定められています。

正解（2）

製造所等には、保安距離を必要とするものと必要としないものとがあります。→問題2の「ここがPOINT!」

問題2 解説

保有空地⇨㊣P.198

ここがPOINT!

保安距離を必要とする施設	保有空地を必要とする施設
①製造所 ②屋内貯蔵所 ③屋外貯蔵所 ④屋外タンク貯蔵所 ⑤一般取扱所	保安距離を必要とする施設 ＋簡易タンク貯蔵所（屋外） ＋移送取扱所（地上）

(1) 正しい。たとえば製造所の保有空地の幅は、指定数量の倍数が10以下の場合は3m以上、10を超える場合は5m以上と定められています。

(2)、(3) 上の表より、正しい内容です。

(4) 正しい。保有空地は、火災時の消防活動や延焼（えんしょう）防止のために確保するものであり、保有空地内に物品は一切置けません。

(5) 誤り。保有空地は、(4) で述べた目的のために製造所等の周囲に設けるものであり、保安距離の確保とは関係ありません。

正解（5）

15 各製造所等の基準①

問題1 重要

製造所において危険物を取り扱う建築物の構造および設備の基準として、次のうち誤っているものはどれか。

(1)　屋根は、できるだけ重厚な不燃材料でふく。

(2)　可燃性の蒸気や微粉が滞留するおそれがある場合は、屋外の高所に排出する設備を設ける。

(3)　床には適当な傾斜をつけ、漏れた危険物の一時的な貯留設備を設ける。

(4)　窓または出入口にガラスを用いる場合は、網入りガラスとする。

(5)　地階を設けてはならない。

問題2 重要

移動タンク貯蔵所の位置、構造および設備の基準として、次のうち誤っているものはどれか。

(1)　屋外の防火上安全な場所、または壁、床、はりおよび屋根を耐火構造とし、もしくは不燃材料で造った建築物の1階に常置しなければならない。

(2)　移動貯蔵タンクの容量は20,000L以下とし、内部には2,000L以下ごとに区切った間仕切を設ける。

(3)　移動貯蔵タンクの底弁手動閉鎖装置のレバーは、手前に引き倒すことによって閉鎖装置を作動させるものでなければならない。

(4)　移動貯蔵タンクの配管には、先端部に弁等を設ける。

(5)　静電気による災害が発生するおそれのある液体危険物の移動貯蔵タンクには、接地導線を設けなければならない。

問題1　解説

製造所⇨㊣ P.200

ここがPOINT!

製造所の構造・設備の基準
- ①屋根………軽量の不燃材料でふく
- ②地階………設置できない
- ③床…………貯留設備（「ためます等」）を設ける
- ④排出設備…可燃性蒸気を屋外の高所に排出

(1)　誤り。屋根は、建物内で爆発が起きても爆風が上に抜けるよう、金属板などの軽量の不燃材料でふきます。

(2)　正しい。可燃性蒸気を高所に排出することについて→P.64、65

(3)　正しい。床は危険物が浸透しない構造とするとともに、適当な傾斜をつけ、漏(も)れた危険物を一時的に貯留(ちょりゅう)する設備（「ためます」等）を設けます。

(4)、(5)　正しい内容です。

正解（1）

(2)、(3)、(4) などは、屋内貯蔵所、屋内タンク貯蔵所、販売取扱所にも同様の基準が定められています。

問題2　解説

移動タンク貯蔵所⇨㊣ P.220

ここがPOINT!

移動タンク貯蔵所の構造・設備の基準
- ①移動貯蔵タンクの容量は 30,000L以下
- ②タンク内部には 4,000L以下ごとに間仕切
- ③ 2,000L以上のタンク室に防波板
- ④底弁の手動閉鎖装置は手前に引き倒すレバー

(1)　正しい。タンクローリー車両の常置場所として定められています。

(2)　誤り。移動貯蔵タンクの容量は30,000 L 以下（特例基準のものは除く）、間仕切は4,000 L 以下ごとに設けることとされています。

(3)　正しい。手動閉鎖装置は、タンク下部の排出口に設けられた底弁(そこべん)を非常の場合に直ちに閉鎖するためのものであり、レバー（長さ15cm以上）を手前に引き倒すことによって作動させるものでなければなりません。

(4)　正しい。配管の先端部に弁などを設ける必要があります。

(5)　正しい。静電気(せいでんき)災害の防止については→P.20、21

問題３ 重要

給油取扱所（屋内給油取扱所、セルフ型スタンドを含む）の位置、構造および設備の基準に関する記述として、次のうち誤っているものはどれか。

(1)　給油またはこれに附帯する業務に必要な建築物を設置するために確保しておく空地のことを、給油空地という。

(2)　給油取扱所の地盤面下に埋設して設置する専用タンクは、容量の制限がない。

(3)　建築物の屋内給油取扱所に使用する部分とそれ以外の部分との区画は、開口部のない耐火構造の床または壁とする。

(4)　セルフ型スタンドの顧客用固定給油設備等の直近には、ホース機器等の使用方法や危険物の品目を表示する必要がある。

(5)　セルフ型スタンドの顧客用固定給油設備は、満量になったときにノズルが自動的に停止する構造でなければならない。

問題４ 重要

法令上、製造所等に設置されるタンクの容量に関する記述として、次のうち誤っているものはどれか。

(1)　屋外タンク貯蔵所の屋外貯蔵タンクは、容量制限について定められていない。

(2)　屋内タンク貯蔵所のタンク容量は、指定数量の40倍（第４石油類と動植物油類を除く第４類の危険物については10,000L）以下としなければならない。

(3)　簡易タンク貯蔵所のタンク容量は、600L以下としなければならない。

(4)　給油取扱所の地盤面下に埋設する廃油タンクの容量は、10,000L以下としなければならない。

(5)　移動タンク貯蔵所（特例基準適用を除く）のタンク容量は、30,000L以下としなければならない。

問題３　解説

給油取扱所⇨㊣ P.224

ここがPOINT!

給油取扱所のポイント
- **①給油空地………間口 10m 以上、奥行 6 m 以上**
- **②地下タンク……専用タンク（容量制限なし）**
  廃油タンク（10,000L以下）
- **③建築物の設置…飲食店は○、遊技場は×**

(1)　誤り。給油空地とは、自動車等に直接給油したり給油を受ける自動車等が出入りしたりするために、固定給油設備のホース機器の周囲に設けなければならない空地をいいます。

なお、給油取扱所に設置できる建築物は以下の通りです。

①給油取扱所の業務を行うための事務所
②給油または灯油・軽油の詰替え（つめか）のための作業場
③給油等のために給油取扱所に出入りする者を対象とした店舗、飲食店または展示場
④自動車等の点検、整備または洗浄を行う作業場
⑤給油取扱所の所有者や管理者などが居住する住居等

(2)　正しい。なお、給油取扱所には固定給油設備・固定注油設備に接続する専用タンクまたは容量10,000 L 以下の廃油タンク等を地下に埋設して設置する場合以外には危険物を取り扱うタンクを設けることができません。

(3)、(4)、(5) 正しい内容です。

正解（1）

問題４　解説

タンクの容量⇨㊣ P.217 等

ここがPOINT!

①屋外タンク貯蔵所の屋外貯蔵タンク……容量制限の規定なし
②屋内タンク貯蔵所の屋内貯蔵タンク……指定数量の 40 倍以下
（第４石油類と動植物油類を除く第４類を貯蔵する場合は 20,000L以下）
③地下タンク貯蔵所の地下貯蔵タンク……容量制限の規定なし
④移動タンク貯蔵所の移動貯蔵タンク……30,000L以下
⑤簡易タンク貯蔵所の簡易貯蔵タンク……600L以下

(2)　誤り。第４石油類と動植物油類を除く第４類危険物は20,000L以下です。

(1)、(3)、(4)、(5)　正しい内容です。

正解（2）

16 標識・掲示板

問題1

法令上、製造所等に設ける標識、掲示板について、次のうち誤っているものはどれか。

(1)　製造所等には、見やすい箇所に標識を設けなければならない。

(2)　移動タンク貯蔵所には、「危」と表示した標識を設けなければならない。

(3)　標識とは、防火に関する必要な事項を示すものをいう。

(4)　屋外タンク貯蔵所には、危険物の類、品名および貯蔵または取扱最大数量のほか、危険物保安監督者の氏名または職名を表示した掲示板を設けなければならない。

(5)　給油取扱所には、「給油中エンジン停止」と表示した掲示板を設けなければならない。

問題2　重要

製造所等に掲げられる「注意事項を表示する掲示板」の注意事項について、次のうち誤っているものはどれか。

(1)　第４類……………………………………「火気厳禁」

(2)　第２類（引火性固体を除く）………「火気注意」

(3)　自然発火性物品………………………「火気厳禁」

(4)　禁水性物品……………………………「注水厳禁」

(5)　第５類……………………………………「火気厳禁」

問題1　解説

標識・掲示板⇨㊮ P.234

ここがPOINT!

標識
- ①製造所等（移動タンク貯蔵所を除く）
  「危険物給油取扱所」などと名称を表示（白地に黒文字）
- ②移動タンク貯蔵所
  正方形の板に「危」と表示（黒地に黄文字）

危険物給油取扱所

(1)、(2)　正しい。標識とは、危険物の製造所等である旨（むね）を示すものであり、製造所等の場合、幅0.3m以上、長さ0.6m以上の板を用います。一方、移動タンク貯蔵所の場合は、1辺0.3m以上0.4m以下の正方形の板です。

なお、移動タンク貯蔵所以外の車両で指定数量以上の危険物を運搬（うんぱん）する場合にも、「危」の標識を掲げます。

(3)　誤り。これは掲示板（→P.159）の説明です。①危険物等を表示する掲示板、②注意事項を表示する掲示板（→問題2）、③「給油中エンジン停止」の掲示板、④タンク注入口・ポンプ設備の掲示板、の4種類があります。

(4)　正しい。危険物等を表示する掲示板です。なお、危険物保安監督者の氏名・職名を表示するのは、その選任を必要とする製造所等だけです。

(5)　正しい。「給油中エンジン停止」の掲示板を設けるのは給油取扱所だけです。地は黄赤色で、文字は黒色と定められています。

正解（3）

問題2　解説

注意事項を表示する掲示板⇨㊮ P.235

ここがPOINT!

注意事項を表示する掲示板	「禁水」	第1類　アルカリ金属の過酸化物 第3類　禁水性物品等	青地に白文字
	「火気注意」	第2類（引火性固体以外のもの）	赤地に白文字
	「火気厳禁」	第2類　引火性固体 第3類　自然発火性物品等 第4類、第5類	

(4)　誤り。「注水厳禁」ではなく、「禁水」と表示します。

(1)、(2)、(3)、(5)　正しい内容です。

正解（4）

17 消火設備

問題1 重要

法令上、製造所等に設置しなければならない消火設備は、第１種から第５種まで区分されているが、次のうち第４種消火設備に該当するものはどれか。

(1)　スプリンクラー設備
(2)　りん酸塩類の消火粉末を放射する大型の消火器
(3)　霧状の強化液を放射する小型の消火器
(4)　ハロゲン化物消火設備
(5)　屋外消火栓

問題２

法令上、製造所等に設置する消火設備に関する説明として、次のうち誤っているものはどれか。

(1)　棒状の水を放射する大型消火器は、第４種の消火設備である。
(2)　霧状の強化液を放射する小型消火器および乾燥砂は、第５種の消火設備である。
(3)　電気設備に対する消火設備は、電気設備がある場所の面積100m²ごとに１個以上設ける。
(4)　地下タンク貯蔵所には、第４種の消火設備を２個以上設ける。
(5)　移動タンク貯蔵所には、自動車用消火器のうち、粉末消火器（3.5kg以上のもの）またはその他の消火器２個以上を設ける。

問題1　解説

消火設備⇨㊮ P.106

ここがPOINT!

第１種消火設備	屋内消火栓、屋外消火栓
第２種消火設備	スプリンクラー設備
第３種消火設備	水蒸気消火設備、水噴霧消火設備 泡消火設備、不活性ガス消火設備 ハロゲン化物消火設備、粉末消火設備
第４種消火設備	大型消火器
第５種消火設備	小型消火器、乾燥砂、膨張ひる石など

ゴロゴロ合わせ

消火設備の種類
センスよく
（第１種：○○消火栓
第２種：スプリンクラー）
消火設備は
（第３種：○○消火設備）
大と小
（第４種：大型消火器
第５種：小型消火器等）

(1)　スプリンクラー設備は、第２種消火設備です。

(2)　第４種消火設備です。なお、第４種・第５種の消火設備には、それぞれ次の６種類の消火剤を放射する消火器があります。

①水（棒状・霧状）	②強化液（棒状・霧状）	③泡
④二酸化炭素	⑤ハロゲン化物	⑥消火粉末

(3)　第５種消火設備、(4)　第３種消火設備、(5)　第１種消火設備です。

正解（2）

「○○消火栓」と名前の付くものはすべて第１種、「○○消火設備」と名前の付くものはすべて第３種と覚えましょう。

問題2　解説

消火設備⇨㊮ P.230

ここがPOINT!

①地下タンク貯蔵所……第５種消火設備を２個以上
②移動タンク貯蔵所……自動車用消火器（第５種消火設備）を２個以上
③電気設備に対する消火設備
……その電気設備がある場所の面積 $100m^2$ ごとに１個以上設ける

(4)　誤り。第４種ではなく第５種の消火設備を２個以上設けます。

(1)、(2)、(3)、(5)　正しい内容です。地下タンク貯蔵所、移動タンク貯蔵所などは、施設の規模や危険物の種類にかかわらず、第５種消火設備だけを設置すればよいとされています。

正解（4）

18 貯蔵および取扱いの基準①

問題1 重要

法令上、製造所等における危険物の貯蔵・取扱いのすべてに共通する技術上の基準として、次のうち誤っているものはどれか。

(1) 危険物のくず、かす等は、1日に1回以上、当該危険物の性質に応じて安全な場所で廃棄その他適当な処置をすること。

(2) 可燃性の蒸気が漏れたり滞留したりするおそれのある場所では、火花を発する機械器具、工具等を使用しないこと。

(3) 危険物を貯蔵し、または取り扱う建築物等では、当該危険物の性質に応じ、遮光または換気を行うこと。

(4) 危険物を貯蔵し、または取り扱う場合においては、当該危険物が漏れ、あふれ、または飛散しないように必要な措置を講じること。

(5) 危険物が残存し、または残存しているおそれがある設備、機械器具、容器等を修理する場合は、危険物がこぼれないようにしながら行うこと。

問題2 重要

危険物の貯蔵の技術上の基準として、次のうち誤っているものはどれか。

(1) 消防法別表第一に掲げる類を異にする危険物は、原則として、同一の貯蔵所において貯蔵してはならない。

(2) 許可された危険物と同じ類、同じ数量であれば、品名は随時変更することができる。

(3) 屋内貯蔵所においては、容器に収納して貯蔵する危険物の温度が55℃を超えないようにしなければならない。

(4) 屋外貯蔵タンク、屋内貯蔵タンク、地下貯蔵タンクまたは簡易貯蔵タンクの計量口は、計量するとき以外は閉鎖しておかなければならない。

(5) 屋外貯蔵タンクの周囲に設けられている防油堤の水抜口は、通常は閉鎖しておき、内部に滞油または滞水したときに遅滞なく排出する。

問題1　解説

共通基準⇨㊈ P.238

ここがPOINT!

すべての製造所等に共通する貯蔵・取扱いの基準（主なもの）
- ①危険物のくず等の廃棄……………………1日に1回以上
- ②貯留設備等に溜まった危険物…………随時汲み上げる
- ③機械器具等の修理…………………………危険物除去後に行う
- ④可燃性蒸気滞留のおそれがある場所…火花を発する工具等を使わない
- ⑤保護液中に保存している危険物………保護液から露出させない

(5)　誤り。こぼれないように行うのではなく、安全な場所において、危険物を完全に除去した後に行うこととされています。

(1)、(2)、(3)、(4)　正しい内容です。　**正解（5）**

なお、廃棄について、以下のような基準が定められています。

・危険物は、海中や水中に投下したり、流出させたりしてはならない
・焼却する場合は、安全な場所で、燃焼や爆発による危害を他に及ぼすおそれのない方法で行い、必ず見張人をつけなければならない

問題2　解説

貯蔵の基準⇨㊈ P.239

ここがPOINT!

同時貯蔵の禁止の原則
- ①危険物以外の物品…………危険物の貯蔵所では貯蔵できない
- ②類を異にする危険物………同一の貯蔵所で同時には貯蔵できない

タンク貯蔵所の貯蔵の基準
- ①タンクの計量口
- ②屋外貯蔵タンクの防油堤の水抜口

（①②）通常は閉鎖しておく

(2)　誤り。許可や届出をした品名以外の危険物、または許可や届出のなされた数量（指定数量の倍数）を超える危険物の貯蔵や取扱いはできません。品名などを変更する場合は、市町村長等への届出が必要です（→P.105）。

(1)、(3)、(4)、(5)　正しい内容です。　**正解（2）**

タンクの元弁、底弁（そこべん）なども、使用時以外は閉鎖しておきます。

問題３ 重要

法令上、移動タンク貯蔵所における危険物の貯蔵・取扱いの基準について、次のうち誤っているものはどれか。

(1)　移動タンク貯蔵所には、完成検査済証などの書類を常に車両に備え付けておかなければならない。

(2)　移動貯蔵タンクには、貯蔵または取り扱う危険物の類、品名および最大数量を表示しなければならない。

(3)　移動貯蔵タンクの底弁は、使用時以外は完全に閉鎖しておく。

(4)　液体の危険物を、移動貯蔵タンクから容器に直接詰め替えることは、一切認められない。

(5)　移動貯蔵タンクから引火点40℃未満の危険物を他のタンクに注入するときは、移動タンク貯蔵所の原動機を停止させなければならない。

問題４ 重要

法令上、給油取扱所における危険物の取扱いの基準について、次のうち誤っているものはどれか。

(1)　自動車等に給油するときは、自動車等のエンジンを必ず停止させなければならない。

(2)　自動車等が給油空地からはみ出たままで給油してはならない。

(3)　自動車等の洗浄を行う場合、引火点を有する液体洗剤を使用してはならない。

(4)　自動車等に給油するときは、固定給油設備を使用して給油しなければならない。

(5)　給油取扱所の専用タンクに危険物を注入中、当該専用タンクに接続している固定給油設備を使用して自動車等に給油するときは、給油速度を遅くする。

問題３　解説　　移動タンク貯蔵所の貯蔵・取扱いの基準⇨㊮ P.240,241,242

ここがPOINT!

①移動貯蔵タンクから、他のタンクに引火点 40℃未満の危険物を注入
⇒　移動タンク貯蔵所のエンジン（原動機）を停止する
②移動貯蔵タンクから、容器への液体危険物の詰替えは原則禁止
⇒　引火点 40℃以上の第４類危険物に限り、一定の方法で認められる

(1)　正しい。車両が移動中でも、路上において立入検査等に対応できるようにするためです。車両に備え付ける書類は以下の通りです。

①完成検査済証　②定期点検記録　③譲渡（じょうと）・引渡しの届出書 ④品名、数量または指定数量の倍数の変更届出書

(2)、(3)　正しい内容です。

(4)　誤り。原則として禁止されていますが、引火点40℃以上の第４類危険物（重油、軽油など）に限り、一定の方法に従えば詰（つめ）替えが認められます。

(5)　正しい。ガソリンを注入する場合がこれに該当します。　**正解（4）**

問題４　解説　　給油取扱所の取扱いの基準⇨㊮ P.241

ここがPOINT!

①自動車等に給油するとき⇒　固定給油設備を使用して直接給油
⇒　自動車等のエンジン（原動機）は必ず停止
②給油取扱所の専用タンクに危険物を注入するとき
⇒　専用タンクに接続している固定給油設備等は使用中止

(1)　正しい。危険物の引火点などに関係なく、給油中はエンジン停止です。

(2)、(3)　正しい内容です。

(4)　正しい。手動ポンプなどで容器から給油することは認められません。

(5)　誤り。給油速度を遅くするのではなく、危険物を注入中の専用タンクに接続している固定給油設備等は使用を中止しなければなりません。

正解（5）

(1) については、移動タンク貯蔵所がエンジンを停止しなければならない場合（→問題３の (5)）と混同しないようにしましょう。

分野別重点問題　3 危険物に関する法令

19 運搬の基準

問題1 重要

法令上、危険物の運搬に関する技術上の基準について、次のうち誤っているものはどれか。

(1) 運搬容器の外部には、危険物の品名、数量等のほか、収納する危険物に応じた注意事項および消火方法を表示しなければならない。

(2) 危険物を運搬容器に収納するときは、温度変化等により危険物が漏れないように、運搬容器を密封して収納しなければならない。

(3) 第４類危険物と第１類危険物は、指定数量の10分の１以下である場合を除き、混載してはならない。

(4) 運搬容器は、収納口を上方に向けて積載しなければならない。

(5) 運搬容器を積み重ねる場合、高さ３m以下で積載しなければならない。

問題２ 重要

法令上、危険物の運搬に関する技術上の基準について、次のうち誤っているものはどれか。

(1) 危険物の運搬は、運搬容器、積載方法および運搬方法について、技術上の基準に従って行わなければならない。

(2) 指定数量以上の危険物を車両で運搬する場合は、「危」と表示した標識を車両の前後の見やすい位置に掲げなければならない。

(3) 指定数量以上の危険物を車両で運搬する場合は、運搬する危険物に適応する消火設備を備えなければならない。

(4) 運搬中、危険物が著しく漏れるなど、災害発生のおそれがある場合は、応急の措置を講じるとともに、最寄りの消防機関等に通報しなければならない。

(5) 指定数量以上の危険物を車両で運搬する場合は、危険物取扱者が同乗しなければならない。

問題1　解説

積載方法⇨㊣ P.245

ここがPOINT!

運搬容器の外部に表示する事項
①危険物の品名・危険等級・化学名
第４類の水溶性のものには「水溶性」
②危険物の数量
③危険物に応じた注意事項

(1)　誤り。消火方法は、運搬(うんぱん)容器の外部に表示する事項に含まれていません。

(2)　正しい。ただし、液体の危険物は98％以下の収納率で、かつ55℃の温度で漏(も)れないよう十分な空間容積をとって密封し、収納します。

(3)　正しい。類を異にする危険物を同一車両に積載(せきさい)することは、指定数量の10分の１以下である場合を除き、原則禁止されています（混載の禁止）。ただし、以下の場合は指定数量にかかわらず混載が認められます。

・第１類＋第６類	・第２類＋第５類　or　第４類
・第３類＋第４類	・第４類＋第３類　or　第２類　or　第５類
・第５類＋第２類　or　第４類	・第６類＋第１類

(4)、(5)　正しい内容です。

正解（1）

問題2　解説

運搬方法⇨㊣ P.246

ここがPOINT!

①運搬は、指定数量未満の場合でも消防法による規制を受ける（→ P.97）
②ただし、標識と消火設備の基準は、指定数量以上の場合にのみ適用

(1)、(2)、(3)　正しい内容です。「危」の標識について（→P.125）

(4)　正しい。なお、危険物の運搬に伴(ともな)って、市町村長等や消防長・消防署長に許可や承認等の申請をしたり、届出をしたりする手続きはありません。

(5)　誤り。危険物の運搬を行う場合、危険物取扱者が車両に乗車する必要はありません。

正解（5）

20 移送の基準

問題1 重要

法令上、危険物を移動タンク貯蔵所で移送する場合、次のうち正しいものはどれか。

(1) 移送に3時間以上かかる場合は、必ず2人以上の運転要員を確保しなければならない。

(2) 危険物を移送する際は、当該危険物を取り扱うことのできる危険物取扱者が乗車していなければならない。

(3) 危険物取扱者が危険物を移送するために乗車する場合は、免状の写しを携帯しなければならない。

(4) 完成検査済証などの書類は、紛失を避けるために事業所に保管しておき、移動タンク貯蔵所にはそれらの写しを備え付けてもよい。

(5) 危険物取扱者以外の者は、移動タンク貯蔵所を運転してはならない。

問題2

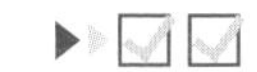

法令上、移動タンク貯蔵所による危険物の移送について、次のうち正しいものはどれか。

(1) 移動貯蔵タンクの底弁、マンホールおよび注入口のふた、消火器等の点検は、移送の終了後に行うこととされている。

(2) 定期的に危険物を移送する場合には、一般に、移送経路その他の必要な事項を、出発地の消防署に届け出なければならない。

(3) 移送中、休憩するために一時停止する場合は、所轄消防長の承認を受けた場所で行わなければならない。

(4) 移動貯蔵タンクから危険物が著しく漏れる等の災害が起こるおそれがある場合、災害防止の応急措置を講じれば、消防機関への通報は必要ない。

(5) 消防吏員または警察官は、危険物の移送に伴う火災の防止のため特に必要があると認めるときは、走行する移動タンク貯蔵所を停止させ、乗車する危険物取扱者に対し、免状の提示を求めることができる。

問題1　解説

移送の基準⇨速 P.247

ここがPOINT!

①移送とは…**移動タンク貯蔵所**によって危険物を輸送すること
②危険物を移送する移動タンク貯蔵所…その危険物を取り扱える危険物取扱者の**乗車**が必要
③乗車する危険物取扱者…**免状**を携帯しなければならない

(1)　誤り。移送が長時間にわたるおそれのある場合は**2人以上**の運転要員が必要とされますが、これに該当するのは、連続運転時間が**4**時間を超える移送、または1日当たり**9**時間を超える移送です。

(2)　正しい。危険物の運搬の場合には危険物取扱者の乗車は必要ありませんが（→P.133）、**移送**の場合には必ず**乗車**しなければなりません。

(3)　誤り。写し（コピー）ではなく、**免状**自体を携帯する必要があります。

(4)　誤り。車両に備え付ける書類（→P.131）も、**写しはだめ**です。

(5)　誤り。危険物取扱者の乗車は必要ですが、必ずしも危険物取扱者が**運転**する必要はありません。

正解（2）

問題2　解説

移送の基準⇨速 P.247

ここがPOINT!

①移動貯蔵タンクの底弁などの点検…移送**開始前**に十分に行う
②移送経路や一時停止場所…消防機関、市町村長等に**届出**の必要なし

(1)　誤り。移送の終了後ではなく、移送**開始前**に行うこととされています。

(2)　誤り。アルキルアルミニウム等の移送を除き、一般に、移送経路などを消防機関等に**届け出る**ような手続きは必要ありません。

(3)　誤り。休憩や故障等のために一時停止するときは、**安全な場所**であればよく、消防機関等の承認を得た場所である必要はありません。

(4)　誤り。応急措置を講じるとともに、最寄りの**消防機関**等に通報しなければなりません。

(5)　正しい。消防吏員とは、消防職員のうち、制服を着用して消火・救急等の業務に従事する者のことです。

正解（5）

21 措置命令

問題1

法令上、市町村長等から発せられる措置命令として、次のうち誤っているものはどれか。

(1)　製造所等における危険物の貯蔵・取扱いの方法が、法令の定める技術上の基準に違反しているとき……………………貯蔵・取扱いの基準遵守命令

(2)　製造所等の位置、構造および設備が、法令の定める技術上の基準に適合していないとき………………………………危険物施設の基準適合命令

(3)　危険物保安監督者が消防法令に違反しているとき……保安講習受講命令

(4)　製造所等の設置許可または仮貯蔵・仮取扱いの承認を受けないで、指定数量以上の危険物を貯蔵しまたは取り扱っているとき
…………………………………………無許可貯蔵等の危険物に対する措置命令

(5)　製造所等において危険物の流出その他の事故が発生したとき、所有者等が応急措置を講じていないとき……………………………………応急措置命令

問題2　重要

法令上、製造所等が市町村長等から使用停止を命じられる事由に該当しないものは、次のうちどれか。

(1)　危険物の貯蔵・取扱いの基準遵守命令に違反したとき。

(2)　製造所等の位置、構造または設備を許可なく変更したとき。

(3)　製造所等を、完成検査済証の交付前に使用したとき、または仮使用の承認を受けずに使用したとき。

(4)　製造所等の譲渡を受けて、その旨を市町村長等に届け出なかったとき。

(5)　危険物保安監督者を選任しなければならない製造所等において、これを選任せず、または選任した者に必要な業務をさせていないとき。

問題1　解説　　義務違反等に対する措置命令⇨速 P.250

ここがPOINT!

製造所等の所有者等の法令上の義務違反に対する命令
- ①貯蔵・取扱いの基準遵守命令
- ②危険物施設の基準適合命令（修理、改造等）
- ③危険物保安監督者等の解任命令
- ④応急措置命令

上記以外の命令
- ①無許可貯蔵等の危険物に対する措置命令
- ②公共の安全維持等のための緊急使用停止命令

(1)　正しい。この基準遵守（じゅんしゅ）命令にさらに違反すると、施設の使用停止命令（下の問題2の解説）の対象となります。

(2)　正しい。製造所等の修理、改造または移転命令ともいいます。これにさらに違反すると、許可の取消しまたは使用停止命令の対象となります。

(3)　誤り。この場合は危険物保安監督者の解任命令が発せられます。なお、保安講習（→P.110、111）の受講を市町村長等が命じることはありません。

(4)　正しい。危険物の除去など、災害防止のために必要な措置（そち）を命じます。

(5)　正しい。災害発生防止のための応急措置を講じさせます。　**正解（3）**

問題2　解説　　許可の取消し、使用停止命令⇨速 P.252

ここがPOINT!

許可の取消し　or　使用停止命令	使用停止命令
①無許可変更 ②完成検査前使用 ③危険物施設の基準適合命令違反 ④保安検査未実施 ⑤定期点検未実施等	①貯蔵・取扱いの基準遵守命令違反 ②危険物保安統括管理者未選任等 ③危険物保安監督者未選任等 ④解任命令違反

使用停止命令の対象は、全部で9つあります。

(1)　使用停止命令の対象です。

(2)　無許可変更、(3) 完成検査前使用とも、製造所等の設置許可の取消しまたは使用停止命令の対象なので該当します。

(4)　これは使用停止命令の対象ではありません。

(5)　危険物保安監督者未選任等は使用停止命令の対象です。　**正解（4）**

分野別重点問題　3 危険物に関する法令

分野別まとめて要点Check

■基礎的な物理学および基礎的な化学　P.140
■危険物の性質ならびにその火災予防および消火の方法　P.147
■危険物に関する法令　P.150

各分野の学習上のポイントを図や表を中心にしてわかりやすくまとめた解説集です。
上手に利用して、復習や知識の再確認を進めてください。
試験直前の学習にも活用してください。

分野別まとめて要点Check

1 基礎的な物理学および基礎的な化学

Check 1 沸点・融点と物質の状態

純粋な物質では、融解と凝固が起きる温度は一定です。

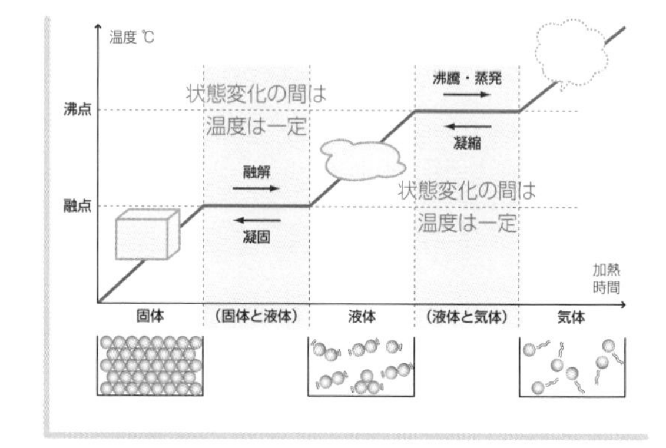

Check 2 物理変化

水が氷や水蒸気に変化するように、物質が温度や圧力の変化によって**状態や形だけが変化する**ことを**物理変化**といいます。まったく別の新しい物質に変わるわけではありません。固体の**融解**、気体の**凝縮**や、液体の**蒸発**・**凝固**などはすべて物理変化です。

いろいろな物理変化

①**溶解**…液体中に他の物質が溶けて均一な液体になること。

例 食塩が水に完全に溶けて食塩水になる

②**潮解**…固体の物質が空気中の水分を吸収して、湿って溶解すること。

③**風解**…結晶水を含む物質が、空気中に放置されて自然に結晶水の一部または全部を失い粉末状になること。

④**昇華**…固体が気体（またはその逆）に直接変化すること。

 Check 3 化学変化

化学変化（化学反応）とは、ある物質が性質の異なるまったく**別の物質に変わる変化**をいいます。２種類以上の物質が結びついて別の新しい物質ができる**化合**や、１つの物質が２種類以上の物質に分かれる**分解**など、さまざまな現象があります。

化学変化の具体例

- 空気中に放置した鉄が錆びてぼろぼろになる（**酸化**）
- ガソリンが燃えて二酸化炭素と水蒸気が生じる（**酸化**）
- ホースなどに使う加硫ゴムが経年変化で老化する（**酸化**）
- 紙や木が燃えて灰になる（**酸化**）
- 水を電気分解すると水素と酸素になる（**分解**）
- 塩酸に亜鉛を加えると水素が発生する
- 紙が濃硫酸に触れると黒くなる
- 炭化カルシウムに水を加えてアセチレンをつくる
- 酸に塩基（アルカリ）を加えると水と塩ができる（**中和**）

 Check 4 物質の種類

物質は、純粋な物質（**純物質**）と**混合物**とに大別されます。混合物とは２種類以上の純物質が混合してできたものです。純物質はさらに**単体**と**化合物**に分かれます。

単体とは１種類の元素からなる純物質であり、化合物は２種類以上の元素からなる純物質です。

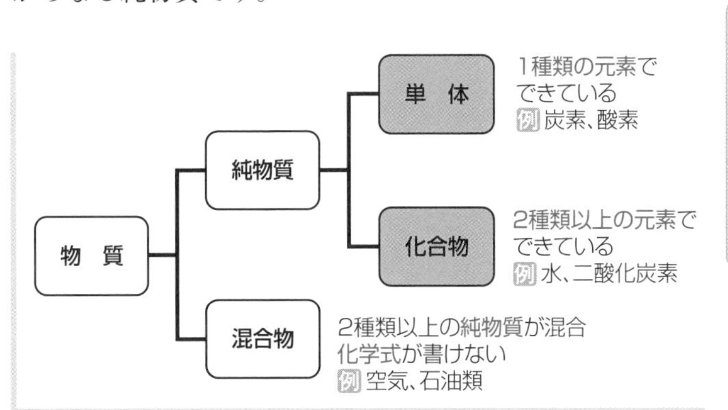

純物質にはそれぞれに決まった密度、融点、沸点があります。一方、混合物は混合している物質の割合によって、密度、融点、沸点が変わります。

Check 5 酸化と還元

たとえば、マグネシウムが燃えるときには空気中の酸素と結びついて酸化マグネシウムになります。このように、物質が**酸素と化合**して酸化物になる変化を**酸化**といいます。

マグネシウム		酸素		酸化マグネシウム
2Mg	+	O_2	→	2MgO

酸化とは逆に、酸化物が**酸素を失う**変化を**還元**といいます。酸化銅は炭素によって還元され、銅になります。

酸化銅		炭素		銅		二酸化炭素
2CuO	+	C	→	2Cu	+	CO_2

このとき炭素に注目すると、酸素と化合して二酸化炭素になっています。このように、**酸化と還元は同時に起こります**。

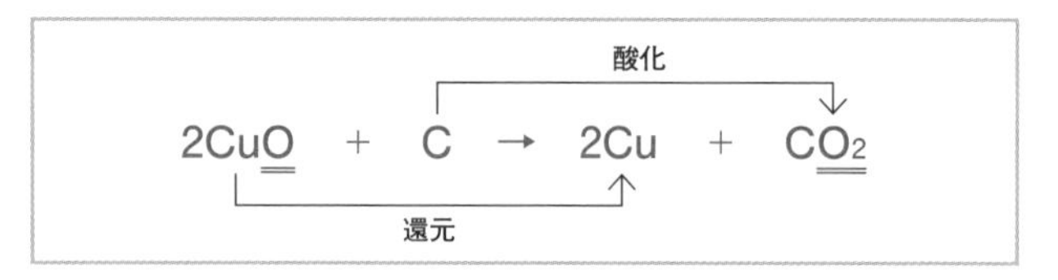

Check 6 酸化剤と還元剤

他の物質を酸化させる物質（自分自身は還元される）を**酸化剤**といいます。また、他の物質を還元させる物質（自分自身は酸化される）を**還元剤**といいます。

酸化剤（相手を酸化させる）	還元剤（相手を還元させる）
相手に酸素を与える	相手から酸素を奪う
相手から水素を奪う	相手に水素を与える
自分は還元される	自分は酸化される

このほか、物質が水素を失う変化を酸化といい、物質が水素と化合する変化を還元という場合もあります。

Check 7 静電気とは

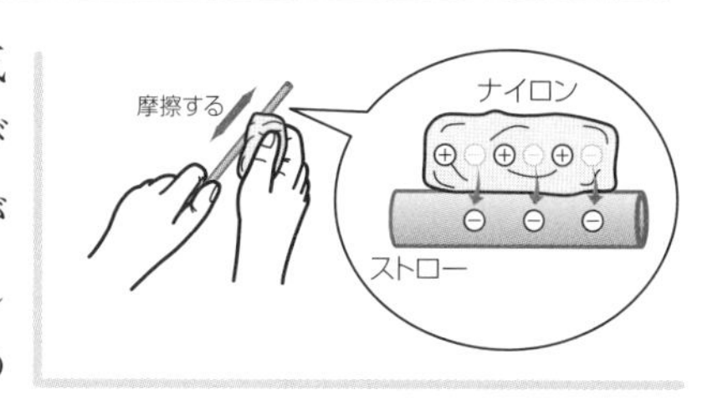

摩擦によってナイロンが（＋）の電気を帯び、ストローが（－）の電気を帯びることで互いに引き合うように、物体が電気を帯びることを**帯電**といい、帯電した物体に分布している流れのない電気のことを**静電気**といいます。

物体が帯電しただけでは特に危険はありません。しかし**静電気が蓄積**されてくると、条件によっては**放電**し、**火花**を発生することがあります。このとき付近に引火性蒸気や粉じんなどが存在すれば、この**放電火花（電気火花）**が点火源となって**爆発や火災を起こ**すことになります。

摩擦以外の帯電現象には、次のものがあります。

- **接触帯電**…２つの物質を接触させ、離す際に帯電する現象。
- **流動帯電**…液体が管内を流れる際に帯電する現象。
- **噴出帯電**…ノズルなどから液体が、高速で噴き出す際に帯電する現象。

Check 8 給油時の静電気災害の防止

静電気災害の防ぎ方

①摩擦を少なくするため、**接触面積**や**接触圧力**を減らす
②給油ホースなどには、電気を通しやすい**導電性の高い**材料を使う
③配管やホースの内径を大きくして**流速を遅く**する
④**ノズルの先端をタンクの底**に着けて注入する
⑤室内の**湿度を高く**する
⑥**接地**（アース）をする
⑦**木綿の衣服**を着用する

Check 9 燃焼範囲

可燃性蒸気が空気中で燃焼できる一定の濃度の範囲を**燃焼範囲（爆発範囲）**といいます。可燃性蒸気は燃焼範囲内にあるとき、何らかの**点火源**（熱源）が与えられることによって燃焼します。燃焼範囲は蒸気ごとに決まっており、燃焼範囲の濃度が濃いほうの限界を**上限値**（上限界（じょうげんかい））、薄いほうの限界を**下限値**（下限界（かげんかい））といいます。

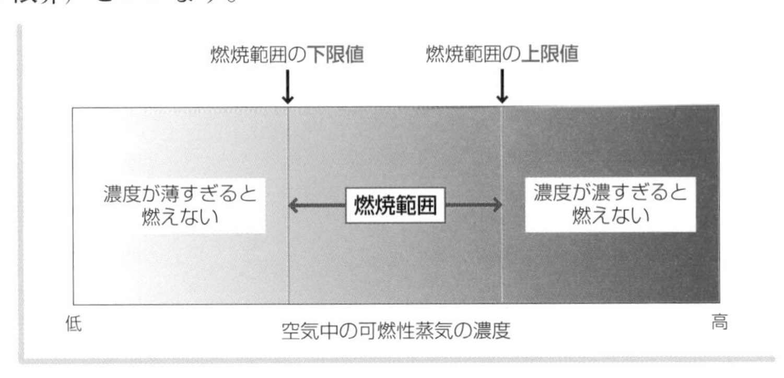

可燃性蒸気の濃度は、空気との**混合気体**の中にその蒸気が何％含まれているかを容量％で表します。

$$\text{可燃性蒸気の濃度 (vol\%)} = \frac{\text{蒸気の体積 (L)}}{\text{蒸気の体積 (L)} + \text{空気の体積 (L)}} \times 100$$

上の式で可燃性蒸気の濃度（vol％）を求め、それが燃焼範囲内にある場合には、点火源を与えると燃焼します。

■主な蒸気の燃焼範囲（爆発範囲）

蒸気	燃焼範囲（爆発範囲）	
	下限値（下限界）(vol%)	上限値（上限界）(vol%)
ガソリン	1.4	7.6
灯　油	1.1	6.0
軽　油	1.0	6.0
エタノール	3.3	19
ジエチルエーテル	1.9	36

 Check 10 引火点

可燃性液体の燃焼とは、液体から発生した可燃性蒸気と空気との混合気体が燃えることです（蒸発燃焼）。ところがこの混合気体は、Check 9にあるように可燃性蒸気の濃度が濃すぎても薄すぎても燃えません。

引火点とは、点火したとき、混合気体が燃え出すのに十分な濃度の可燃性蒸気が液面上に発生するための最低の液温で、液面付近の蒸気の濃度がちょうど燃焼範囲の下限値に達したときの液温であるともいえます。

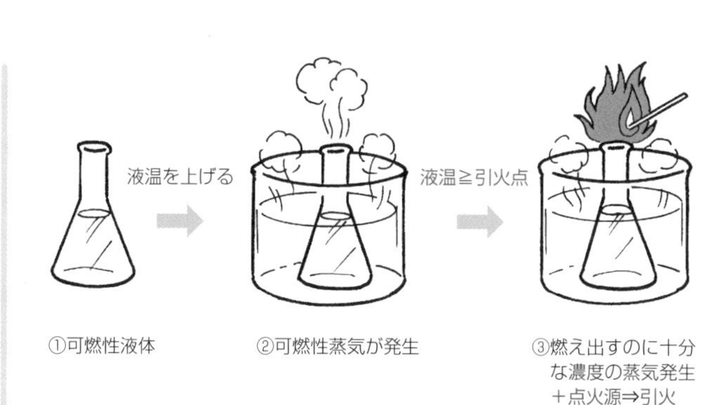

引火点は、物質ごとに異なり、一般に引火点が低い物質ほど危険性が高いといえます。

 Check 11 発火点

空気中で可燃物を加熱した場合に、点火源を与えなくても、物質そのものが発火して燃焼しはじめる最低の温度を発火点といいます。発火点も引火点と同じように物質ごとに異なり、一般に発火点が低い物質ほど危険性が高いといえます。

■引火点と発火点の比較

引火点	発火点
可燃性蒸気の濃度が燃焼範囲の下限値を示すときの液温	空気中で加熱された物質が自ら発火するときの最低の温度
点火源 ⇨ **必要**	点火源 ⇨ **不要**
可燃性の液体（まれに固体）	可燃性の固体、液体、気体

Check 12　消火の３要素

消火とは燃焼を中止させることです。物質が燃焼するためには、**可燃物**、**酸素供給源**、**点火源**の３つが同時に存在しなければなりません。これを**燃焼の３要素**といいます。したがって、消火のためにはこのうちの１つを取り除けばよいことがわかります。燃焼の３要素に対応した消火方法を、**消火の３要素**といいます。

燃焼の３要素		
可燃物	酸素供給源	点火源
↓取り除く	↓断ち切る	↓熱を奪う
除去消火	**窒息消火**	**冷却消火**
消火の３要素		

抑制消火にはハロゲン化物等の抑制作用（負触媒作用）が利用されるため、**負触媒消火**とよぶことがあります。

燃焼物と酸素と熱の連鎖反応を遮断することで燃焼を中止させることもできます。これを**抑制消火**といいます。

Check 13　消火剤

ゴロゴロ合わせ

油火災に適応できない消火剤

きょう　ぼうな　みず
（強化液）（棒状）（水）
も　あぶら　にゃ弱い
（油火災）

系統	消火剤	形状	主な消火方法	適応する火災 普通（A）	適応する火災 油（B）	適応する火災 電気（C）
水・泡系	水	棒状	冷却	○	×	×
		霧状	冷却	○	×	○
	強化液	棒状	冷却	○	×	×
		霧状	冷却　抑制	○	○	○
	泡		窒息　冷却	○	○	×
	水溶性液体用泡		窒息　冷却	○	○	×
ガス系	二酸化炭素		窒息　冷却	×	○	○
	ハロゲン化物		抑制　窒息	×	○	○
粉末系	りん酸塩類		抑制　窒息	○	○	○
	炭酸水素塩類		抑制　窒息	×	○	○

分野別 まとめて要点Check

2 危険物の性質ならびにその火災予防および消火の方法

Check 1 消防法上の危険物

危険物は、消防法の別表第一で第１類から第６類に分類されています。すべて固体または液体であり、気体は含まれていません。

類	名称	状態	燃焼性	特性	品名
1	酸化性固体	固体	不燃性	分子内に含んだ酸素で他の物質を酸化。自分は燃えない。	1 塩素酸塩類　2 過塩素酸塩類　3 無機過酸化物　4 亜塩素酸塩類　5 臭素酸塩類　6 硝酸塩類　7 よう素酸塩類　8 過マンガン酸塩類　9 重クロム酸塩類　10 その他のもので政令で定めるもの　11 前各号に掲げるもののいずれかを含有するもの
2	可燃性固体	固体	可燃性	酸化されやすく、自分自身が燃える。	1 硫化りん　2 赤りん　3 硫黄（いおう）　4 鉄粉　5 金属粉　6 マグネシウム　7 その他のもので政令で定めるもの　8 前各号に掲げるもののいずれかを含有するもの　9 引火性固体
3	自然発火性物質および禁水性物質	固体 液体	可燃性（一部例外）	空気にさらされて自然発火。水と接触して発火または可燃性ガスを発生。	1 カリウム　2 ナトリウム　3 アルキルアルミニウム　4 アルキルリチウム　5 黄りん　6 アルカリ金属（カリウムおよびナトリウムを除く）およびアルカリ土類金属　7 有機金属化合物（アルキルアルミニウムおよびアルキルリチウムを除く）　8 金属の水素化物　9 金属のりん化物　10 カルシウムまたはアルミニウムの炭化物　11 その他のもので政令で定めるもの　12 前各号に掲げるもののいずれかを含有するもの
4	引火性液体	液体	可燃性	引火性の液体。	1 特殊引火物　2 第1石油類　3 アルコール類　4 第2石油類　5 第3石油類　6 第4石油類　7 動植物油類
5	自己反応性物質	固体 液体	可燃性	分子内に含んだ酸素で自分自身が燃える。	1 有機過酸化物　2 硝酸エステル類　3 ニトロ化合物　4 ニトロソ化合物　5 アゾ化合物　6 ジアゾ化合物　7 ヒドラジンの誘導体　8 ヒドロキシルアミン　9 ヒドロキシルアミン塩類　10 その他のもので政令で定めるもの　11 前各号に掲げるもののいずれかを含有するもの
6	酸化性液体	液体	不燃性	分子内に含んだ酸素で他の物質を酸化。自分は燃えない。	1 過塩素酸　2 過酸化水素　3 硝酸　4 その他のもので政令で定めるもの　5 前各号に掲げるもののいずれかを含有するもの

Check 2 第４類危険物の共通の特性

性　質	引火性液体
貯蔵方法	密栓をして冷暗所に貯蔵。低所の通風をよくする
引火点	引火点20℃以下のものは常温（20℃）で引火の可能性
蒸気比重	１より大きい（空気より重い）→屋外の高所に排気する
液比重	１より小さい（水より軽い）ものが多い
水溶性	非水溶性（水に溶けない）のものが多い
静電気	非水溶性のもの＝電気の不良導体が多い →静電気が発生、蓄積されやすい→火災の危険
燃焼の仕方	蒸発燃焼
消火方法	●水より軽く水に浮くものは、水での消火ができない （炎が水に乗って広がるため）
	●主に窒息消火（霧状の強化液、泡、二酸化炭素、ハロゲン化物、粉末等の消火剤を使用）
	●水溶性液体（アルコール類など）→水溶性液体用泡消火剤を使用

Check 3 第４類危険物とその指定数量

品　名	性　質	主な物品	指定数量	危険性
特殊引火物	—	ジエチルエーテル、二硫化炭素、 アセトアルデヒド、酸化プロピレン	50L	高
第１石油類	非水溶性	ガソリン、酢酸エチル、ベンゼン、トルエン	200L	↑
	水溶性	アセトン、ピリジン	400L	
アルコール類	—	メタノール、エタノール	400L	
第２石油類	非水溶性	灯油、軽油、キシレン、クロロベンゼン	1,000L	危険性
	水溶性	酢酸	2,000L	
第３石油類	非水溶性	重油、クレオソート油、ニトロベンゼン	2,000L	
	水溶性	グリセリン、エチレングリコール	4,000L	
第４石油類	—	ギヤー油、シリンダー油、モーター油、タービン油	6,000L	低
動植物油類	—	アマニ油、ヤシ油	10,000L	

Check 4 主な第４類危険物の性状

品名	物品名	比　重	引火点(℃)	発火点(℃)	燃焼範囲(vol%)	蒸気比重	水溶性	備　考
特殊引火物	**ジエチルエーテル**	0.7	**−45**	160	1.9〜36	2.6	△	麻酔性　引火点最低
	二硫化炭素	**1.3**	−30以下	**90**	1.3〜50	2.6	×	毒性　発火点最低
	アセトアルデヒド	0.8	−39	175	4.0〜60	1.5	○	毒性　沸点最低
	酸化プロピレン	0.8	−37	449	2.3〜36	2.0	○	毒性
第1石油類	**ガソリン**	0.65〜0.75	−40以下	約300	1.4〜7.6	3〜4	×	発火点は高い
	アセトン	0.8	−20	465	2.5〜12.8	2.0	○	
	酢酸エチル	0.9	−4	426	2.0〜11.5	3.0	×	水に少し溶けるが、区分上は非水溶性
	ベンゼン	0.9	−11.1	498	1.2〜7.8	2.8	×	強い毒性
	トルエン	0.9	4	480	1.1〜7.1	3.1	×	弱い毒性
	ピリジン	0.98	20	482	1.8〜12.4	2.7	○	毒性
	エチルメチルケトン	0.8	−9	404	1.4〜11.4	2.5	×	水に少し溶けるが、区分上は非水溶性
アルコール類	**メタノール**	0.8	11	464	6.0〜36	1.1	○	毒性
	エタノール	0.8	13	363	3.3〜19	1.6	○	麻酔性
	2-プロパノール	0.79	12	399	2.0〜12.7	2.1	○	
第2石油類	**灯油**	0.8程度	40以上	220	1.1〜6.0	4.5	×	発火点はやや低い
	軽油	0.85程度	45以上	220	1.0〜6.0	4.5	×	発火点はやや低い
	酢酸	**1.05**	39	463	4.0〜19.9	2.1	○	水より重い
	(オルト)キシレン	0.88	33	463	1.0〜6.0	3.66	×	
	クロロベンゼン	1.1	28	593	1.3〜9.6	3.9	×	若干の麻酔性
第3石油類	**重油**	0.9〜1.0	60〜150	250〜380			×	水より少し軽い
	クレオソート油	1.0以上	73.9	336.1			×	
	ニトロベンゼン	1.2	88	482	1.8〜40	4.3	×	毒性
	エチレングリコール	1.1	111	398		2.1	○	
	グリセリン	1.3	199	370		3.1	○	
第4石油類	**ギヤー油**	0.9	220程度				×	
	シリンダー油	0.95	250程度				×	
	モーター油	0.82	230程度				×	
	タービン油	0.88	230程度				×	
動植物油類	**アマニ油**	0.93	222	343			×	
	ヤシ油	0.91	234				×	

※水溶性○、非水溶性×、わずかに溶ける△

分野別 まとめて要点Check

3 危険物に関する法令

Check 1 指定数量の倍数

実際に貯蔵し、または取り扱っている危険物の数量が、指定数量の何倍に相当するかを表す数を**指定数量の倍数**といいます。倍数の合計が1以上になるとき、その場所では**指定数量以上**の危険物の貯蔵または取扱いをしているものとみなされ、**消防法による規制**を受けます。

倍数の求め方は次の通りです。

①危険物が1種類だけの場合

実際の数量を指定数量で割るだけです。

例 灯油を3,000L貯蔵している場合

灯油（指定数量1,000L）➡3000÷1000＝3

➡この貯蔵所では指定数量の3倍の灯油を貯蔵していることになるので、消防法による規制を受ける。

②危険物が2種類以上の場合

同一の場所で危険物A、B、Cを貯蔵しまたは取り扱っている場合は、それぞれの危険物ごとに倍数を求めてその数を合計します。

$$\frac{\text{実際のAの数量}}{\text{Aの指定数量}}+\frac{\text{実際のBの数量}}{\text{Bの指定数量}}+\frac{\text{実際のCの数量}}{\text{Cの指定数量}}$$

例 同一の貯蔵所でガソリン100L、メタノール100L、軽油400Lを貯蔵している場合

ガソリン（指定数量200L） ➡100÷200＝0.5

メタノール（指定数量400L） ➡100÷400＝0.25

軽油（指定数量1,000L） ➡400÷1000＝0.4

これを合計して、0.5＋0.25＋0.4＝1.15倍

➡それぞれの危険物はどれも指定数量未満ですが、合計すると1以上になるので消防法による規制を受ける。

Check 2 各種申請手続き

申請	手続き事項	申請先
許 可	製造所等の設置	市町村長等
	製造所等の位置・構造・設備の変更	
承 認	仮使用	
	仮貯蔵・仮取扱い	消防長・消防署長
検 査	完成検査	市町村長等
	完成検査前検査	
	保安検査	
認 可	予防規程の作成・変更	

Check 3 仮使用と仮貯蔵・仮取扱い

	仮使用	仮貯蔵・仮取扱い
場 所	使用中の製造所等	製造所等以外の場所
内 容	一部変更工事中、工事と関係のない部分を仮に使用する	指定数量以上の危険物を仮に貯蔵しまたは取り扱う
期 間	変更工事の期間中	10日以内
申請先等	市町村長等が承認	消防長または消防署長が承認

申請手続きは基本的に市町村長等が申請先ですが、仮貯蔵・仮取扱いについては仮貯蔵・仮取扱いの場所を最もよく把握している所轄消防長または消防署長が承認を行うことになっています。

Check 4 各種届出手続き

届出を必要とする手続き	届出期限	届出先
製造所等の譲渡または引渡し	遅滞なく	市町村長等
製造所等の用途の廃止	遅滞なく	
危険物の品名、数量または指定数量の倍数の変更	変更しようとする日の10日前まで	
危険物保安監督者の選任・解任	遅滞なく	
危険物保安統括管理者の選任・解任	遅滞なく	

品名や数量等の変更だけ、「10日前」となっています。

Check 5 製造所等の災害防止の取組み

<table>
<tr><th>製造所等の区分</th><th>保安
距離</th><th>保有
空地</th><th>危険物
保安監督者</th><th>危険物
施設保安員</th><th>危険物
保安統括管理者</th><th>定期
点検</th><th>予防
規程</th></tr>
<tr><td>製造所</td><td>◎</td><td>◎</td><td>◎</td><td colspan="2">○</td><td>○
（注3）</td><td rowspan="3">○</td></tr>
<tr><td>屋内貯蔵所</td><td>◎</td><td>◎</td><td>○</td><td colspan="2" rowspan="9">×</td><td rowspan="2">○</td></tr>
<tr><td>屋外タンク貯蔵所</td><td>◎</td><td>◎</td><td>◎</td></tr>
<tr><td>屋内タンク貯蔵所</td><td>×</td><td>×</td><td rowspan="3">○</td><td>×</td><td rowspan="4">×</td></tr>
<tr><td>地下タンク貯蔵所</td><td>×</td><td>×</td><td>◎</td></tr>
<tr><td>簡易タンク貯蔵所</td><td>×</td><td>○
（注1）</td><td>×</td></tr>
<tr><td>移動タンク貯蔵所</td><td>×</td><td>×</td><td>×</td><td>◎</td></tr>
<tr><td>屋外貯蔵所</td><td>◎</td><td>◎</td><td>○</td><td>○</td><td>○</td></tr>
<tr><td>給油取扱所</td><td>×</td><td>×</td><td>◎</td><td>○
（注3）</td><td>◎
（注4）</td></tr>
<tr><td>販売取扱所</td><td>×</td><td>×</td><td>○</td><td>×</td><td>×</td></tr>
<tr><td>移送取扱所</td><td>×</td><td>○
（注2）</td><td>◎</td><td>◎</td><td rowspan="2">○</td><td>◎</td><td>◎</td></tr>
<tr><td>一般取扱所</td><td>◎</td><td>◎</td><td>○</td><td>○</td><td>○
（注3）</td><td>○</td></tr>
</table>

◎すべて義務、○条件により義務
（注1）屋外に設ける場合
（注2）地上に設ける場合
（注3）地下タンクを有する場合は◎
（注4）自家用給油取扱所のうち屋内給油取扱所は除く

Check 6 保安距離

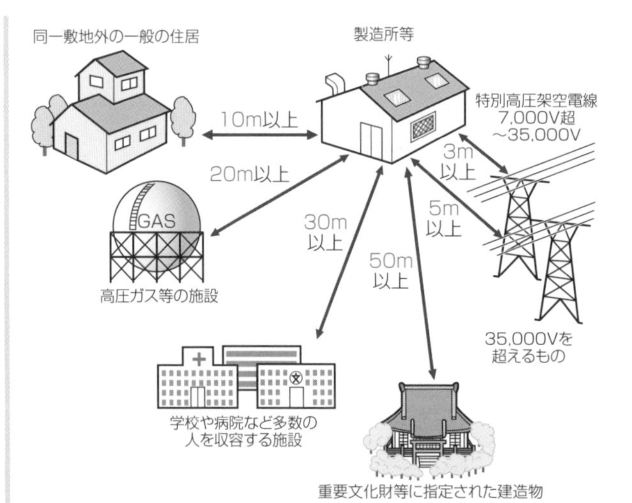

ゴロゴロ合わせ

保安距離

保安には、奥方が造って、
（保安距離が必要なのは、屋外タンク貯蔵所、製造所）
内外貯めて一杯に
（屋内貯蔵所、屋外貯蔵所、一般取扱所）

Check 7 製造所の位置・構造・設備の基準

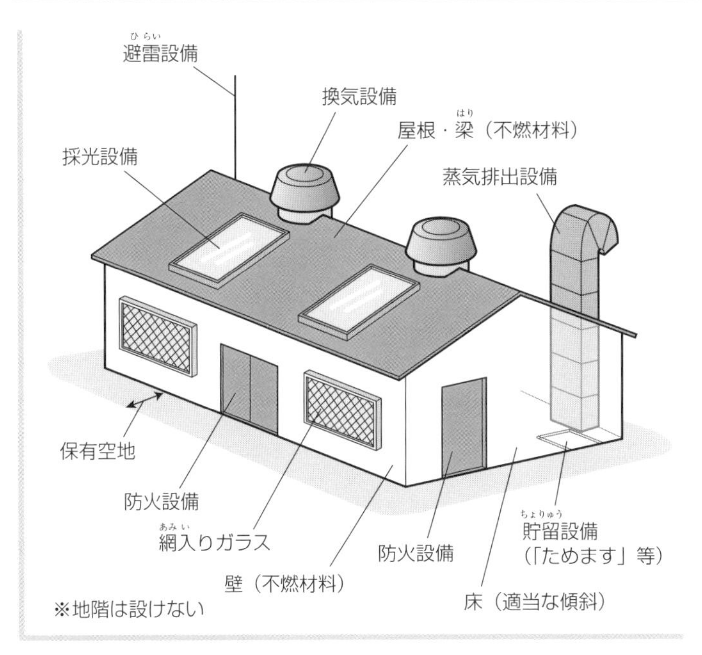

製造所の保有空地の幅は、指定数量の倍数が10以下なら3m以上、10を超える場合は5m以上です。

屋根	不燃材料でつくり、金属板等の**軽量な不燃材料でふく**（建物内で爆発が起きても爆風が上に抜けるようにする）
壁、柱、床、梁、階段	●**不燃材料**でつくる ●延焼のおそれのある外壁は、出入口以外の開口部を持たない**耐火構造**にする
窓、出入口	●**防火設備**を設ける（延焼のおそれのある外壁の出入口は、自閉式の特定防火設備） ●ガラスを用いる場合は**網入りガラス**とする
床（液状危険物を取り扱う建物）	●危険物が**浸透しない**構造とする ●適当な**傾斜**をつけ、漏れた危険物を一時的に貯留する設備（「**ためます**」等）を設ける
地階	**設置できない**
採光、換気等	危険物の取扱いに必要な**採光**、**照明**および**換気**の設備を設ける
排出設備	可燃性の蒸気や微粉が滞留するおそれがある場合は、**屋外の高所に排出**する設備を設ける
避雷設備	指定数量が **10 倍以上**の施設に設ける

Check 8 屋内貯蔵所

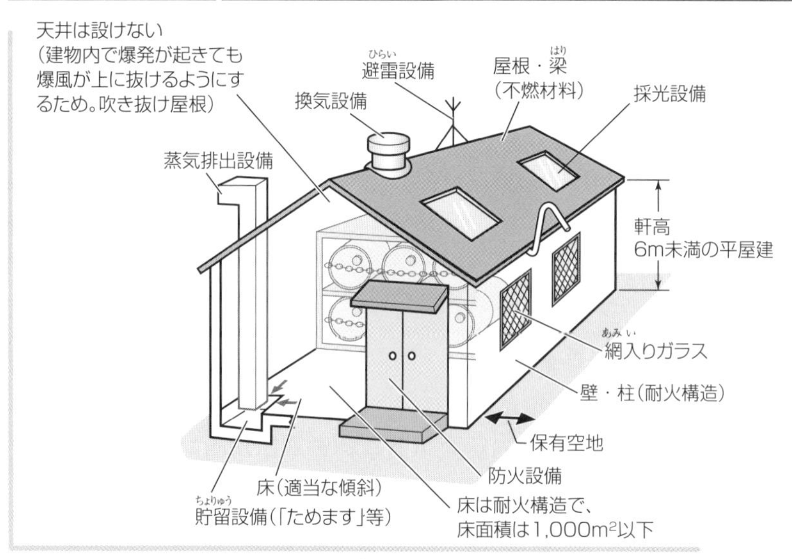

Check 9 屋外貯蔵所

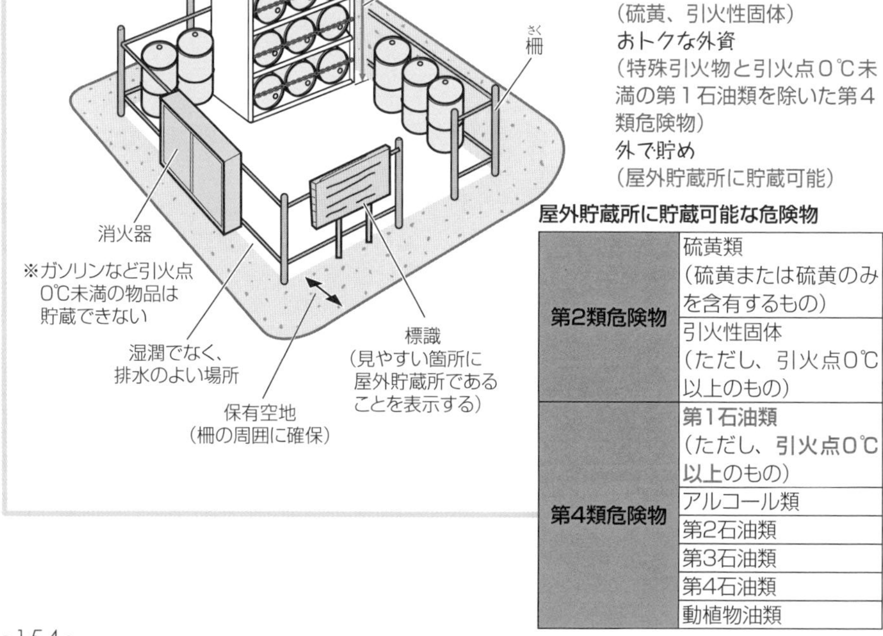

ゴロゴロ合わせ

屋外貯蔵所に貯蔵できるもの
黄色いインコ
(硫黄、引火性固体)
おトクな外資
(特殊引火物と引火点0℃未満の第1石油類を除いた第4類危険物)
外で貯め
(屋外貯蔵所に貯蔵可能)

屋外貯蔵所に貯蔵可能な危険物

第2類危険物	硫黄類(硫黄または硫黄のみを含有するもの)
	引火性固体(ただし、引火点0℃以上のもの)
第4類危険物	第1石油類(ただし、引火点0℃以上のもの)
	アルコール類
	第2石油類
	第3石油類
	第4石油類
	動植物油類

Check 10 屋内タンク貯蔵所

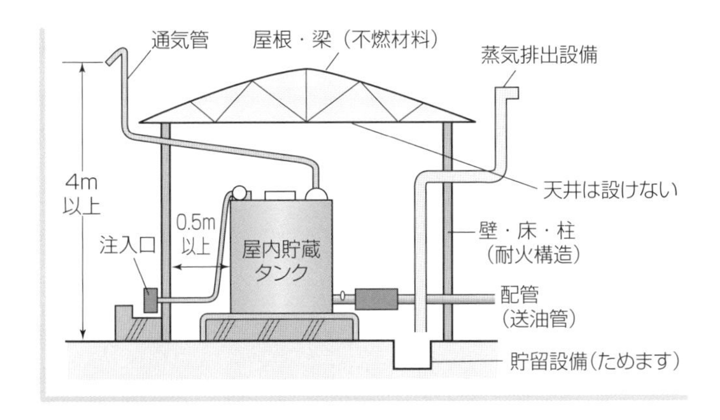

屋内貯蔵タンクの設置場所	●原則として**平屋建のタンク専用室**に設置 ●屋内貯蔵タンクとタンク専用室の壁との間、および同一のタンク専用室に２基以上のタンクを設置する場合のタンク相互間には、**0.5 m以上の間隔**が必要
屋内貯蔵タンクの容量	指定数量の**40倍以下**。第４石油類および動植物油類以外の第４類危険物を貯蔵する場合は**20,000 L以下**（同一のタンク専用室に２基以上の屋内貯蔵タンクを設ける場合、それらの容量の総計がこの制限の範囲内であること）

Check 11 屋外タンク貯蔵所

引火点を有する液体危険物の貯蔵タンクの場合、防油堤（ぼうゆてい）の容量はタンク容量の110%以上とします。同じ防油堤内に引火点を有する液体危険物の貯蔵タンクが２基以上ある場合は、容量が最大であるタンクの110%以上とします。

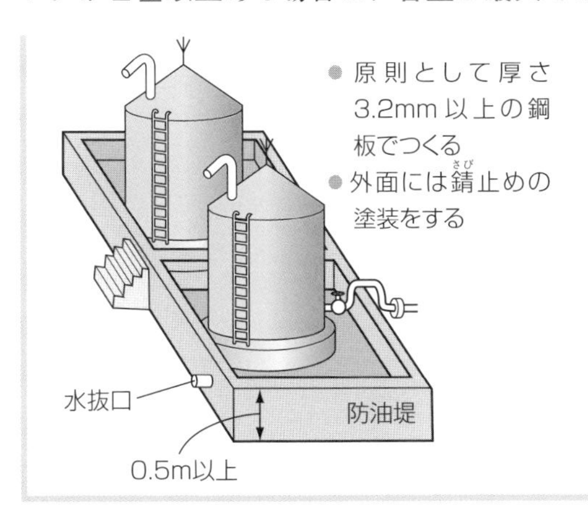

例 重油500kL、ガソリン300kLを貯蔵するタンクが同じ防油堤内にある場合、容量が最大なのは重油を貯蔵するタンクなので、この防油堤の容量は、
500（kL）×1.1＝550（kL）以上となる。

Check 12 地下タンク貯蔵所

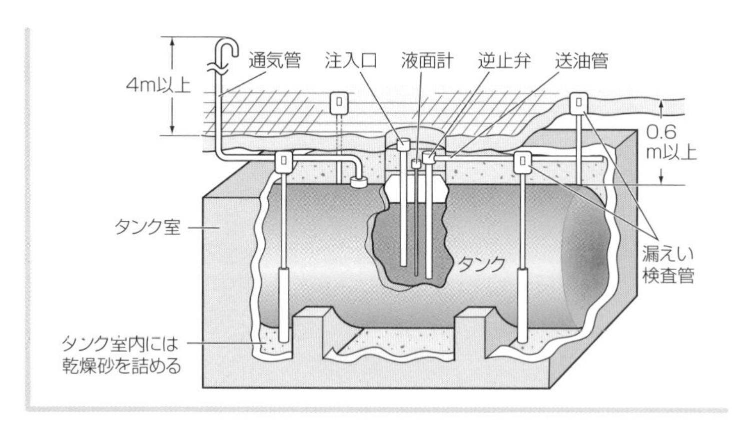

地下貯蔵タンクの設置場所	● 地盤面下に設けられた**タンク室**に設置※ ● 地下貯蔵タンクとタンク室内側の壁は **0.1 m以上の間隔**を保ち、タンクの周囲に**乾燥砂**を詰める ● 地下貯蔵タンクの**頂部**は、**0.6 m以上地盤面から下**になるようにする
液体危険物の地下貯蔵タンク	● 液体危険物の地下貯蔵タンクの注入口は、屋外に設ける ● 液体危険物の地下貯蔵タンクには、**危険物の量を自動的に表示する装置**を設ける
危険物の漏れを検知する設備	地下貯蔵タンクまたはその周囲に、**漏えい検査管**などの**危険物の漏れを検知する設備**を設ける

※地盤面下に直接埋設できる二重殻タンクや、コンクリートで被覆して地盤面下に埋設する方法もある。

Check 13 簡易タンク貯蔵所

簡易タンク貯蔵所とは、簡易貯蔵タンクにおいて危険物を貯蔵または取り扱う貯蔵所です。

容　量	1基の容量は **600 L以下**
簡易貯蔵タンクの数	1つの簡易タンク貯蔵所に設置できる簡易貯蔵タンクは**3基以内**。**同一品質の危険物**は**1基**しか設置できない
間　隔	タンク専用室内に設置する場合、タンクと専用室の壁との間に **0.5 m以上**の間隔を保つ

給油管
5m以下
タンク容量
600L以下
容易に移動しないように、
地盤面、架台等に固定する
保有空地
タンク部分

Check 14 移動タンク貯蔵所

容量、間仕切	容量は 30,000 L以下とし、4,000 L以下ごとに完全な**間仕切**を設ける（鋼板等の間仕切板で仕切る）
材　料	厚さ 3.2mm 以上の鋼板等でつくる
外　面	錆止めの塗装をする
防波板、安全装置	●容量が 2,000 L以上のタンク室に、**防波板**を移動方向と**平行**に**2カ所**設ける ●タンク室それぞれに、**マンホール**、**安全装置**などを設ける
防護枠、側面枠	マンホール、安全装置などが移動貯蔵タンクの上部に突出している場合、損傷を防止するため、それらの周囲に**防護枠**を、移動貯蔵タンクの両側面上部に**側面枠**を設ける

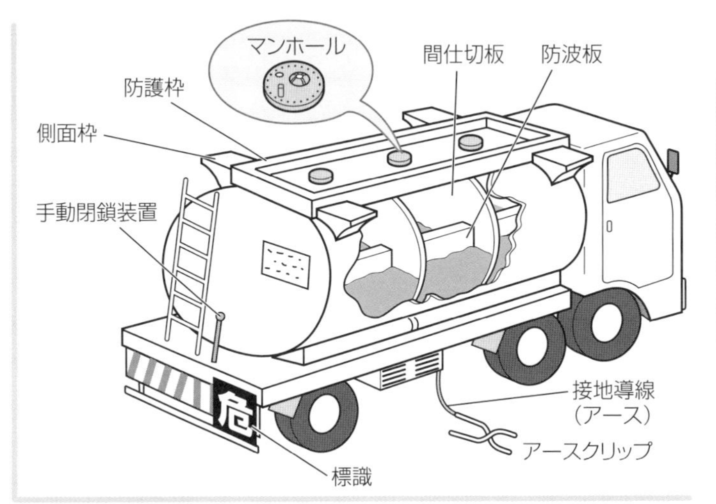

手動閉鎖装置には、長さ15㎝以上で、**手前に引き倒す**ことによって手動閉鎖装置を作動させるレバーを設けなければなりません。

排出口	●移動貯蔵タンクの下部に排出口を設ける場合、**底弁**を設ける ●非常時には、直ちに底弁を閉鎖できる**手動閉鎖装置**と**自動閉鎖装置**を設ける
配　管	●先端部に**弁**などを設ける
接地導線	●ガソリン、ベンゼン等、静電気による災害のおそれがある液体危険物の移動貯蔵タンクには**接地導線（アース）**を設ける
表示設備	●**車両の前後**の見やすい箇所に「**危**」と表示する

移動タンク貯蔵所の常置場所	**屋外**	防火上安全な場所
	屋内	壁、床、梁および屋根を**耐火構造**または**不燃材料**でつくった建物の1階

Check 15 給油取扱所

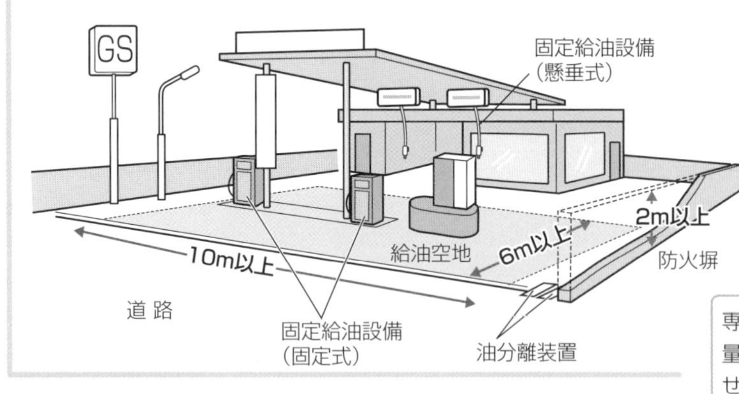

危険物を取り扱うタンク	固定給油設備もしくは固定注油設備に接続する**専用タンク**や、容量 10,000 L以下の**廃油タンク**等を地盤面下に設置する
塀・壁	給油取扱所の周囲に、火災被害の拡大を防ぐため、**耐火構造**または**不燃材料**でつくられた**高さ2m以上**の塀または壁を設ける（自動車等が出入りする側は除く）

専用タンクには容量の制限がありません。構造等には地下タンク貯蔵所の基準を準用します。

Check 16 屋内給油取扱所

屋内給油取扱所とは、給油取扱所のうち建築物内に設置するものをいいます。また、キャノピー（給油スペースの上部を覆う屋根）等の面積が、敷地面積から事務所などの建築物の１階床面積を除いた面積の３分の１を超えるものも屋内給油取扱所として扱われます（ただし、当該面積が３分の２までのものであって、かつ、火災の予防上安全であると認められるものは除く）。

屋内給油取扱所内に設置できない建築物	病院や福祉施設等を設置してはならない
壁・柱・床・梁・屋根	**耐火構造**（ただし、屋内給油取扱所の上部に上階がない場合は屋根を不燃材料でつくることができる）
上部に上階がある場合	危険物の漏えい拡大と、上階への延焼防止のための措置をとる
区　画	屋内給油取扱所に使用する部分とそれ以外とは、開口部のない**耐火構造**の床または壁で区画する
専用タンク	危険物の過剰な注入を**自動的に防止**する設備を設ける

Check 17 標　識

①製造所等（移動タンク貯蔵所を除く）

- 標識➡幅0.3m以上、長さ0.6m以上の板
- 標識の色➡地は白色、文字は黒色
- 「危険物給油取扱所」などと名称を表示

②移動タンク貯蔵所（タンクローリー）

- 標識➡１辺0.3m以上0.4m以下の正方形の板
- 標識の色➡地は黒色、文字は黄色の反射塗料等で「危」と表示
- 車両の前後の見やすい箇所に掲げる

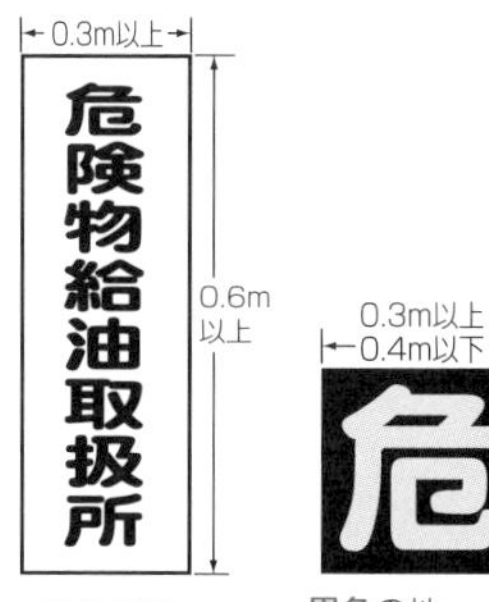

Check 18 掲示板

①危険物等を表示する掲示板

- 掲示板の色➡地は白色、文字は黒色
- 右の事項を表示

・危険物の類
・危険物の品名
・貯蔵（取扱い）最大数量
・指定数量の倍数
・危険物保安監督者の氏名（職名）
※危険物保安監督者名は職名でもよい

②注意事項を表示する掲示板

掲示板	対象
禁水（0.3m以上×0.6m以上）青色の地 白色の文字	第１類危険物　（アルカリ金属の過酸化物またはこれを含有するもの） 第３類危険物　（禁水性物品、アルキルアルミニウム、アルキルリチウム）
火気注意（0.3m以上×0.6m以上）赤色の地 白色の文字	第２類危険物　（引火性固体以外のすべて）
火気厳禁（0.3m以上×0.6m以上）赤色の地 白色の文字	第２類危険物　（引火性固体） 第３類危険物　（自然発火性物品、アルキルアルミニウム、アルキルリチウム） 第４類危険物 第５類危険物

第４類危険物は、「火気厳禁」です。

Check 19 許可の取消し、使用停止命令

①許可の取消しまたは使用停止命令の対象事項

次の５つの事項のいずれかに該当する場合、市町村長等は製造所等の設置許可の取消しか、または期間を定めて施設の使用停止を命令することができます。

無許可変更	許可を受けずに製造所等の位置、構造または設備を変更した	施設的な面での違反
完成検査前使用	完成検査または仮使用の承認なしに製造所等を使用した	
基準適合命令違反	製造所等の修理、改造、移転命令に違反した	
保安検査未実施	実施すべき屋外タンク貯蔵所または移送取扱所が、保安検査を受けない	
定期点検未実施等	実施すべき製造所等が、定期点検を実施しないか、または実施しても点検記録の作成・保存をしない	

②使用停止命令のみの対象事項

次の４つの事項のいずれかに該当する場合、市町村長等は施設の使用停止を命令することができます。

基準遵守命令違反	貯蔵・取扱いの基準遵守命令に違反した	人的な面での違反
危険物保安統括管理者未選任等	選任すべき製造所等が、危険物保安統括管理者を選任しない、または選任してもその者に必要な業務をさせていない	
危険物保安監督者未選任等	選任すべき製造所等が、危険物保安監督者を選任しない、または選任してもその者に必要な業務をさせていない	
危険物保安監督者等の解任命令違反	危険物保安監督者、危険物保安統括管理者の解任命令に違反した	

設置許可の取消しを含む事項は施設的な面での違反、使用停止命令のみの対象事項は人的な面での違反というふうに考えると理解しやすくなりますよ。

予想模擬試験 解答/解説

巻末の別冊子「予想模擬試験」を解き終えたら、この「解答／解説」編で採点と解説の確認を行いましょう。正解・不正解にかかわらず、しっかりと解説を確認しましょう。

※模試の問題、解答カードは、巻末の別冊子に収録されていますので、取り外してご利用ください。

第1回予想模擬試験　解答解説 ……… P.162
第2回予想模擬試験　解答解説 ……… P.170
第3回予想模擬試験　解答解説 ……… P.178
第4回予想模擬試験　解答解説 ……… P.186

予想模擬試験　第1回　解答一覧

危険物に関する法令		基礎的な物理学および基礎的な化学		危険物の性質ならびにその火災予防および消火の方法	
問題1	(3)	問題16	(3)	問題26	(2)
問題2	(5)	問題17	(5)	問題27	(4)
問題3	(2)	問題18	(3)	問題28	(1)
問題4	(1)	問題19	(2)	問題29	(3)
問題5	(4)	問題20	(1)	問題30	(4)
問題6	(5)	問題21	(3)	問題31	(1)
問題7	(3)	問題22	(4)	問題32	(3)
問題8	(4)	問題23	(2)	問題33	(1)
問題9	(3)	問題24	(1)	問題34	(2)
問題10	(2)	問題25	(4)	問題35	(4)
問題11	(4)				
問題12	(4)				
問題13	(5)				
問題14	(2)				
問題15	(1)				

☆得点を計算してみましょう。

挑戦した日	危険物に関する法令	基礎的な物理学および基礎的な化学	危険物の性質ならびにその火災予防および消火の方法	計
1回目 /	/15	/10	/10	/35
2回目 /	/15	/10	/10	/35

※各科目60%以上の正解率が合格基準です。

予想模擬試験　第１回　解答・解説

■危険物に関する法令

問題１　解答 ⑶
⑶**重油**は、第２石油類ではなく、**第３石油類**です。第３石油類には、その他に、クレオソート油やグリセリンがあります。⑴、⑵、⑷、⑸は正しい内容です。

問題２　解答 ⑸
危険物取扱者以外の者が危険物の取扱いを行う際、甲種危険物取扱者はすべての類の危険物について、乙種危険物取扱者は免状を取得した類の危険物について、それぞれ**立会い**ができます。しかし、**丙種危険物取扱者**は、第４類の特定の危険物について自ら取り扱うことはできますが、**立会い**については自ら取り扱える危険物であっても一切認められません。ただし、**定期点検**については、丙種危険物取扱者自身でも可能ですし、資格を持たない人に対する立会いも可能です。危険物の取扱いと定期点検の立会いで、混乱しないようにしましょう。

問題３　解答 ⑵
⑴**特殊引火物**の指定数量は**50 L** です。100 L は誤りです。
⑶第２石油類の**水溶性**の**酢酸**の指定数量は**2,000 L** です。1,000 L は誤りです。
⑷第３石油類の**水溶性**の**グリセリン**の指定数量は**4,000 L** です。2,000 L は誤りです。
⑸**第４石油類**の指定数量は**6,000 L** です。10,000 L は誤りです。
アセトン（第１石油類）、酢酸（第２石油類）、グリセリン（第３石油類）は**水溶性**なので、指定数量が２倍になることを忘れずに。

問題４　解答 ⑴
製造所等を設置するときは市町村長等の許可を必要とします。「市町村長等」とは消防本部および消防署を置く市町村の区域では[A]**市町村長**ですが、その他の区域では当該区域を管轄する[B]**都道府県知事**を指します。また、工事完了後に[C]**完成検査**を申請し、技術上の基準に適合していれば[D]**完成検査済証**が交付されます。なお、完成検査前検査は、液体危険物タンクの設置や変更を伴う場合に必要となるものです。

問題５　解答 ⑷
屋外貯蔵所で貯蔵・取扱いができる危険物は、第２類危険物のうち**硫黄**、**引火性固体**（引火点０℃以上のもの）、第４類危険物のうち特殊引火物以外のもの（ただし、第１石油類は引火点０℃以上のみ）です。したがって、⑴～⑸の危険物のうち、屋外貯蔵所で貯蔵することができないのは、**特殊引火物**の**ジエチルエーテル**と**二硫化炭素**、第１石油類で引火点が０℃未満の**ガソリン**（引火点－40℃以下）、**アセトン**（引火点－20℃）です。

問題6　解答(5)
保安講習の受講義務者は、危険物取扱者のうち、製造所等で現に危険物取扱作業に従事している者です。消防法令の違反者が受講するための講習ではありません。保安講習を受講したら、その受講日以降の最初の4月1日から3年以内にまた受講します。危険物保安監督者や危険物施設保安員に選任されているかどうかは、保安講習の受講義務と関係ありません。また、講習を受けなければならない危険物取扱者が講習を受けなかった場合には、免状の返納を命じられることがあります。

問題7　解答(3)
誤っているものは、A、C、Dの3つです。BとEは正しい内容です。
A　危険物保安監督者は、甲種または乙種の危険物取扱者のうち、製造所等において6カ月以上危険物取扱いの実務経験を有する者でなければなりません。
C　危険物保安監督者を選任する権限は、製造所等の所有者、管理者または占有者にあります。市町村長等は選任の届出先に過ぎません。
D　危険物保安監督者は、危険物施設保安員に必要な指示をする立場にあります。

問題8　解答(4)
定期点検を行う者は、危険物取扱者または危険物施設保安員とされています。そして、危険物施設保安員は危険物取扱者の免状を有していなくても、危険物取扱者の立会いなしで自ら定期点検を実施することができます。なお、地下タンクは地上から漏(も)れていることがわからないので、すべて定期点検の対象となります。(1)、(2)、(3)、(5)は正しい内容です。

問題9　解答(3)
(1)一般の住居も保安距離を保つ特別な建築物等（保安対象物とよぶ）の1つとされていますが、製造所等と同一敷地内にある住居は含まれません。
(2)建造物自体が重要文化財などに指定されている場合は保安対象物となりますが、単に文化財を保管している倉庫などは含まれません。
(3)学校、病院、各種の福祉施設、劇場などは、保安対象物です。
(4)保安対象物となる「学校」から、大学、短期大学は除かれています。
(5)使用電圧7,000V超の特別高圧架空(かくう)電線は保安対象物ですが、特別高圧埋設(まいせつ)電線は保安対象物ではありません。

問題10　解答(2)
液状危険物の屋内貯蔵タンクを設置するタンク専用室の床は、危険物が浸透しない構造とするとともに、適当な傾斜をつけ、貯留(ちょりゅう)設備を設けることとされています。(1)、(3)、(4)、(5)は正しい内容です。

問題11　解答 (4)

A　○○消火設備は、第３種の消火設備なので、誤りです。
B　スプリンクラー設備は、第２種の消火設備なので、正しいです。
C　○○小型消火器は、第５種の消火設備なので、誤りです。
D　○○消火栓設備は、第１種の消火設備なので、誤りです。
E　乾燥砂は、第５種の消火設備なので、正しいです。
以上より、正しいものはB、Eなので、(4)が正解です。

問題12　解答 (4)

屋外貯蔵タンクの周囲に設ける防油堤(ぼうゆてい)の水抜口は、弁を開けておくと、タンクから漏(も)れ出た危険物が防油堤の外に流出してしまうため、通常は閉鎖しておき、防油堤の内部に滞油・滞水したときに、遅滞(ちたい)なく排出するようにしなければなりません。(1)、(2)、(3)、(5)は正しい内容です。

問題13　解答 (5)

(1)運搬(うんぱん)とはトラックなどの車両によって危険物を輸送することをいい、その基準は運搬容器、積載(せきさい)方法および運搬方法について定められています。
(2)指定数量の10分の１以下の危険物については、類を異にする危険物でも混載することができます。また、第１類と第６類、第３類と第４類というように、類の組合せによっては数量と関係なく混載が認められます。
(3)危険物を運搬する場合は、危険物取扱者の車両への乗車は必要ありません。
(4)危険物の運搬に伴(ともな)って、市町村長等や消防長・消防署長に許可や承認等の申請をしたり、届出をしたりする手続きはありません。

問題14　解答 (2)

移動貯蔵タンクの容量は、30,000 L以下と定められています（ただし、特例基準のものは除く）。また、容量が2,000 L以上のタンク室には、防波板を設ける必要があります。(1)、(3)、(4)、(5)は正しい内容です。

問題15　解答 (1)

危険物保安監督者の未選任は、製造所等の使用停止命令の対象となる事由ですが、設置許可の取消しを命じることができる事由ではありません。(2)～(5)はすべて設置許可の取消しまたは使用停止命令の対象となる事由です。なお、使用停止命令のみの対象となるのは、主に人的な面での違反といえます。

■基礎的な物理学および基礎的な化学

問題16　解答 (3)

可燃性液体の燃焼は、蒸発燃焼です。液体そのものが燃えるのではなく、液面から蒸発した可燃性蒸気が空気と混合し、点火源によって燃焼します。なお、固体の硫黄(いおう)やナフタリンも蒸発燃焼をします。

問題17　解答⑸

二酸化炭素は、すでに十分な酸素と化合しているため燃えません（不燃物）。⑵酸素供給源には空気中の酸素のほかに、可燃物の内部に含まれている酸素などもあります。⑶酸素には他の物質を燃焼させる支燃性がありますが、酸素自身は不燃物です。⑷燃焼が完了したあとにできる炭素粒子がすすであり、酸素が十分でない場合は燃焼が完全ではないので、すすが多くなります。

問題18　解答⑶

⑶危険物に関わる道具や設備の電気絶縁性を高くすることは、絶対に避ける必要があります。道具や設備を電気絶縁状態にすれば静電気が外から入ってこないようなイメージを持つ人もいるようですが、静電気は、道具や設備の内部で発生するので、電気の通りをよくして、静電気を外に逃がすことが大切です。道具や設備を電気絶縁状態にすれば、静電気が外に逃げられない状態になってしまうため、大変危険です。静電気対策として、危険物に関わる道具や設備を電気絶縁性の高いものにする、あるいは電気絶縁状態にするという問題がよく出題されています。くれぐれも間違えないようにしてください。電気の通りをよくして、静電気を外に逃がすことが肝心です。

問題19　解答⑵

化学変化であるものは、AとEの２つです。どちらも元の物質とはまったく異なる別の物質へと変化しているからです。

B　これは潮解です。別の物質に変化するわけではないので、物理変化です。

C　固体が液体になる融解は物質の状態変化であり、物理変化のひとつです。

D　固体から直接気体（またはその逆）に変化する昇華も状態変化であり、物理変化のひとつです。

問題20　解答⑴

⑴これはドライアイスの昇華であり、固体から気体の二酸化炭素へと状態が変化しているに過ぎません。

⑵鉄が、空気中の酸素と化合して酸化鉄（錆び）に変化する酸化反応です。

⑶ガソリンが酸素と化合しているので、酸化反応です。

⑷酸素との化合のほかに、広い意味で、物質が水素を失う変化も酸化反応という場合があります。

⑸不完全燃焼であっても、炭素が酸素と化合しているので酸化反応です。

問題21　解答⑶

⑴空気との接触面積が大きいほど、空気中の酸素と結びつきやすくなるので、燃えやすくなります。

⑵熱伝導率が小さいほど、熱が逃げずに蓄積されて温度が上がるので燃えやすくなります。

⑶体膨張率とは、物質の温度が１K上昇したとき、元の体積に対して体積がどれだけ増加するかを表す割合であり、燃焼の難易とは直接関係ありません。

⑷発熱量が大きいほど、燃えやすくなります。

⑸含水量が少ない（＝乾燥度が高い）ほど、燃えやすくなります。

問題22　解答 (4)

アセトンの化学式CH_3COCH_3を分子式で表すとC_3H_6Oとなるので、
分子量は（12×3）＋（1×6）＋（16×1）＝58。
つまり、アセトンは１mol当たり58gなので、
5.8gならば、5.8÷58＝0.1molであることがわかります。
次に、設問の燃焼式を見ると、アセトン１molに対して酸素は４molが反応して完全燃焼しています。

$$CH_3COCH_3 + 4O_2 \rightarrow 3CO_2 + 3H_2O$$

　　１　　：４

このため、アセトン0.1molに対しては、0.1mol×4＝0.4molの酸素が反応します。
アボガドロの法則より、０℃１気圧（標準状態）においては、どんな気体でも１molの体積は22.4Lなので、0.4molの酸素の体積は、22.4L×0.4＝8.96Lです。
空気中に占める酸素の体積の割合は20％なので、
完全燃焼に必要な空気量は、8.96L÷20×100＝44.8Lとなります。
したがって、これに最も近いものは、(4)の45Lです。

問題23　解答 (2)

正しいものは、A、Cの２つです。

A　有機化合物の多くは**水に溶けにくく**、有機溶媒には溶けやすい性質があります。
B　有機化合物は、無機化合物と比べて**融点**や**沸点**が**低い**といえます。
C　主な構成元素は**炭素**C、**水素**H、**酸素**Oであり、このほかに**窒素**N、**硫黄**S、リンP、塩素Clなどがあります。
D　有機化合物は**可燃物**であり、一般に燃えやすく、燃焼すると主に**二酸化炭素**と**水**を生成します。

問題24　解答 (1)

引火点とは、可燃性蒸気の濃度が燃焼範囲の下限値を示すときの液温のことです。(1)は引火点でなく、**発火点**の説明です。発火点は、点火源を与えなくても自ら燃えはじめるという点がポイントです。(2)～(5)はすべて正しい内容です。

問題25　解答 (4)

水を霧状に放射する消火器は、**電気火災**（電線、モーター等の電気設備の火災）には適応しますが、**油火災**については燃えている油が水に浮いて炎が拡大する危険性が高いため、霧状でも適応しません。なお、棒状放射の場合は油火災および電気火災の両方に適応しません。
(1)、(2)、(3)、(5)は正しい内容です。

■危険物の性質ならびにその火災予防および消火の方法

問題26　解答⑵

⑴**単体**（硫黄など）、**化合物**（二硫化炭素など）、**混合物**（ガソリン、灯油など）の３種類があります。

⑵消防法の定める危険物は、第１類から第６類まですべて**固体**または**液体**のみであり、**気体**は含まれていないことに注意しましょう。

⑶第１類危険物（**酸化性固体**）、第６類危険物（**酸化性液体**）が該当します。

⑷第３類危険物の**禁水性物質**などがこれに当たります。

⑸第５類危険物（**自己反応性物質**）のほとんどがこれに当たります。

問題27　解答⑷

第４類の危険物から発生する可燃性蒸気の**蒸気比重は１より大きく**、空気よりも重いため、**低所に滞留**します。⑴引火点が常温より低いものは常温において、引火点が常温より高いものは引火点まで加熱することにより、点火源を与えられると引火します。⑴、⑵、⑶、⑸は正しい内容です。

問題28　解答⑴

第４類には引火点の低い物質が多く、火災が発生している場合に液温を引火点以下に冷却することは困難です。これに対し、酸素の供給を断つ**窒息消火**、燃焼の連鎖を止める**抑制消火**が効果的です。第４類の火災に対して、二酸化炭素には窒息効果、霧状放射の強化液には抑制効果、粉末消火剤には窒息効果と抑制効果の両方があります。

問題29　解答⑶

第４類危険物を貯蔵・取り扱う場合は、炎、火気または[A]**高温体**との接近を避け、空気より重い可燃性蒸気が溜まりやすい[B]**低所**の換気と通風を十分に行うとともに、発生した蒸気が下降しながら拡散するように、[C]**高所**から排出する設備を設けます。また、収納した容器は、蒸気が漏れないよう[D]**密栓**し、直射日光を避けて冷暗所に貯蔵します。

問題30　解答⑷

二硫化炭素の蒸気には**毒性**がありますが、蒸気比重2.6と**空気より重い**ため、低所に滞留します。また、液比重が1.3で水より重いことや、発火点が90℃であることなどが重要な特徴です。⑴、⑵、⑶、⑸は正しい内容です。

問題31　解答⑴

ガソリンの液比重は１以下なので、正しいのは⑴です。ガソリンの**蒸気比重は３～４**、**引火点は－40℃以下**、**発火点は約300℃**です。またガソリンは、炭化水素化合物を主成分とする**混合物**です。

問題32　解答 (3)

メタノールは引火点が常温よりも低い11℃なので、常温で引火する危険性があります。またメタノールには毒性があるほか、エタノールとの比較においてはメタノールのほうが引火点が低い、燃焼範囲が広い、沸点（ふってん）が低いといった点で危険性が高い物質であることを確認しておきましょう。(1)、(2)、(4)、(5)は正しい内容です。

問題33　解答 (1)

正しいものは、Cの１つです。

A　どちらも第２石油類です。

B　灯油も軽油も原油から分留（ぶんりゅう）された石油製品です。植物油の一種ではありません。

D　灯油は無色またはやや黄色（淡紫黄色（たんしおうしょく））、軽油は淡黄色または淡褐色（たんかっしょく）の液体です。

E　どちらにも特有の石油臭があります。

問題34　解答 (2)

動植物油類の引火点は、250℃未満（一般に200℃以上）です。乾性油（かんせいゆ）（アマニ油など）のほうが不乾性油よりも酸化しやすく、ぼろ布等に染み込ませたものを風通しの悪い場所に積んでおくなど、熱が蓄積しやすい状態にしておくと自然発火の危険性が高くなります。(1)、(3)、(4)、(5)は正しい内容です。

問題35　解答 (4)

(4)地下専用タンクの計量口について、「注入中は開放し、常時ガソリンの注入量を確認する」というのは誤りです。地下専用タンクの計量口は、注入中は（計量するとき以外は）閉鎖しておきます。

予想模擬試験　第2回　解答一覧

危険物に関する法令		基礎的な物理学および基礎的な化学		危険物の性質ならびにその火災予防および消火の方法	
問題1	(3)	問題16	(5)	問題26	(5)
問題2	(3)	問題17	(4)	問題27	(1)
問題3	(1)	問題18	(1)	問題28	(1)
問題4	(4)	問題19	(2)	問題29	(5)
問題5	(1)	問題20	(2)	問題30	(2)
問題6	(3)	問題21	(1)	問題31	(3)
問題7	(3)	問題22	(4)	問題32	(4)
問題8	(5)	問題23	(5)	問題33	(1)
問題9	(2)	問題24	(4)	問題34	(4)
問題10	(1)	問題25	(5)	問題35	(2)
問題11	(2)				
問題12	(5)				
問題13	(5)				
問題14	(4)				
問題15	(1)				

☆得点を計算してみましょう。

挑戦した日	危険物に関する法令	基礎的な物理学および基礎的な化学	危険物の性質ならびにその火災予防および消火の方法	計
1回目 ／	／15	／10	／10	／35
2回目 ／	／15	／10	／10	／35

※各科目60％以上の正解率が合格基準です。

予想模擬試験　第２回　解答・解説

■危険物に関する法令

問題１　解答 (3)
トルエンは、アルコール類ではなく、ガソリンやアセトンと同じ第１石油類の物品です。

問題２　解答 (3)
(3)危険物施設保安員については、資格についての定めがないので、丙種危険物取扱者がなることも可能です。
(1)と(2)はどちらも正しい内容です。丙種危険物取扱者は、危険物取扱作業の立会い＝×、定期点検の立会い＝○。ただし、混乱しやすい内容でもありますから、しっかり整理しておきましょう。

問題３　解答 (1)
軽油の指定数量は1,000Ｌなので、2,000Ｌでは２倍になります。同様に、重油の指定数量は2,000Ｌなので、4,000Ｌでは２倍になります。両方を合わせると４倍になりますから、倍数が６になる危険物を探します。(1)二硫化炭素の指定数量は50Ｌ。300Ｌなら６倍。(2)ガソリンの指定数量は200Ｌ。800Ｌなら４倍。(3)重油の指定数量は2,000Ｌ。6,000Ｌなら３倍。(4)エタノールの指定数量は400Ｌ。2,000Ｌなら５倍。(5)ギヤー油の指定数量は6,000Ｌ。6,000Ｌなら１倍。ですので、答えは(1)になります。

問題４　解答 (4)
製造所等の位置、構造または設備を変更する場合は、市町村長等に申請して許可を受けなければならず、たとえ申請していても許可が出ない限りは、変更工事に着工することは認められません。なお、仮使用とは、市町村長等の承認を受けて、工事の期間中、変更工事と関係のない部分を仮に使用することであり、変更工事の着工とは関係ありません。

問題５　解答 (1)
製造所等の位置、構造または設備の変更を伴わずに、貯蔵または取り扱う危険物の[A]品名、数量または指定数量の倍数を変更する場合は、[B]変更しようとする日の10日前までに、その旨を[C]市町村長等に届け出なければなりません。なお、たとえば灯油から軽油に危険物を変更するような場合は、物品名が変わるだけで品名は第２石油類のまま変わらないため、届出は不要であることに注意しましょう。

問題６　解答 (3)
正しいものは、A、C、Eの３つです。
B　水噴霧消火設備は「○○消火設備」なので第３種です。スプリンクラー設備（第２種）と水噴霧消火設備を混同しないようにしましょう。
D　小型消火器は、膨張ひる石、乾燥砂などとともに、第５種の消火設備に区分されます。なお、第４種は大型消火器です。

問題7　解答 (3)

⑴は危険物取扱作業に従事しているが、免状の交付を受けていないので危険物取扱者ではない。⑵は危険物取扱者ではあるが危険物取扱作業に従事していない。したがって、どちらも受講義務がありません。⑷と⑸はどちらも従事することとなった日から過去２年以内に免状の交付または保安講習を受けており、しかも交付や受講の日以降の最初の４月１日からまだ３年が経過していないため、受講時期は過ぎていません。⑶は、従事することとなった日から１年以内に受講しなければならず、受講時期を８カ月過ぎています。

問題8　解答 (5)

⑴定期点検は、原則として１年に１回以上実施することとされています。
⑵定期点検の記録は、危険物保安監督者ではなく、所有者等が作成し、原則３年間保存します。ちなみに、定期点検の実施の義務があるのも所有者等です。
⑶危険物保安統括管理者を選任している製造所等でも、定期点検が免除されることはありません。
⑷移動タンク貯蔵所には、定期点検を実施する義務があります。定期点検の実施義務がないのは、屋内タンク貯蔵所、簡易タンク貯蔵所、販売取扱所の３つだけです。この３つはしっかり覚えておきましょう。

問題9　解答 (2)

危険物を取り扱う建築物の周囲に「保有空地」を設けることとされている製造所等は、製造所、屋内貯蔵所、屋外貯蔵所、屋外タンク貯蔵所、一般取扱所、屋外に設ける簡易タンク貯蔵所、地上に設ける移送取扱所の７つです。したがって、正しいものは⑵です。

問題10　解答 (1)

給油等のために給油取扱所に出入りする者を対象とした店舗、飲食店または展示場は、給油またはその附帯業務の用途に供するものとして設置することが認められていますが、遊技場は含まれません。⑵～⑸は、すべて認められています。

問題11　解答 (2)

危険物保安監督者は、甲種または乙種の危険物取扱者のうち、製造所等において６カ月以上危険物取扱いの実務経験を有する者から選任しなければなりません。たとえ丙種危険物取扱者が取り扱える危険物のみを貯蔵または取り扱う製造所等であっても、丙種危険物取扱者を危険物保安監督者に選任することはできません。⑴、⑶、⑷、⑸は正しい内容です。
⑸の手続き業務を行うのは、危険物保安監督者ではなく、製造所等の所有者等です。

問題12　解答 (5)

屋内貯蔵所においては、容器に収納して貯蔵する危険物の温度が55℃を超えないように必要な措置(そち)を講じることとされています。⑴～⑷はすべて正しい内容です。

問題13　解答 (5)

運搬(うんぱん)容器の外部には⑴～⑷の事項を表示することが定められていますが、収納する危険物に適応する消火方法は記載事項に含まれていません。

問題14　解答⑷

⑴一般に、危険物の移送について市町村長等への届出は不要です。
⑵免状は、危険物取扱者が携帯して乗車しなければなりません。
⑶消防吏員または警察官は、危険物の移送に伴う火災予防のため特に必要があると認める場合には、走行中の移動タンク貯蔵所を停止させ、乗車している危険物取扱者に免状の提示を求めることができます。
⑷危険物を移送するときには、その危険物を取り扱う資格を持った危険物取扱者が乗車しなければなりませんが、ガソリンは丙種危険物取扱者が取り扱える危険物に含まれているため、丙種危険物取扱者による移送が可能です。
⑸1カ月に1回以上ではなく、移送開始前に必ず行わなければなりません。

問題15　解答⑴

⑵無許可変更、⑶完成検査前使用、⑷定期点検未実施の3つは、設置許可取消しまたは使用停止命令の対象となる事由であり、⑸基準遵守命令違反は使用停止命令の対象となる事由です。⑴のように、保安講習を受講する義務のある危険物取扱者が受講しなかった場合は、免状返納命令の対象にはなりますが、製造所等の使用停止命令の対象ではありません。

■基礎的な物理学および基礎的な化学

問題16　解答⑸

液体を加熱すると、液温の上昇とともに蒸気圧（飽和蒸気圧）が増大し、やがてこの蒸気圧が外圧（大気圧）と等しくなると沸騰がはじまります。この蒸気圧（飽和蒸気圧）と外圧が等しくなるときの液温を沸点といいます。液体の内部からも気化が生じるためには、液体の蒸気圧が液体の表面にかかる外圧以上の大きさになる必要があります。沸点は外圧の大小によって変化し、外圧が高くなれば（＝加圧されると）、それを上回るために沸点は高くなり、外圧が低くなれば（＝減圧されると）、沸点は低くなります。

問題17　解答⑷

熱伝導率の[A]大きい物質は、熱が蓄積せず、物質の温度が上がりにくいため燃焼しにくいといえます。これに対し、熱伝導率の[B]小さい物質は、熱が蓄積しやすいため燃焼しやすくなります。しかし、熱伝導率が[C]大きい物質であっても、粉末状にした場合は熱が移動できない状態になるため、物質の温度が急上昇し、よく燃焼します。これは見かけ上、熱伝導率が[D]小さくなったのと同じことです。

問題18　解答⑴

⑴正しい記述です。
⑵物体が帯びている電気またはその量のことを、電荷といいます。
⑶異種の電荷は引き合い、同種の電荷は反発し合います。
⑷電子は負の電荷を持つので、電子を得た物体が負に帯電し、電子を失った物体が正に帯電します。
⑸物体間で電子のやり取りが生じた場合、一方は電子不足、他方は電子過剰となりますが、全体として電気量の総和は変わりません。

問題19　解答 (2)

一酸化炭素COの分子量は、12＋16＝28です。
つまり、１mol当たり28gなので、
5.6gの一酸化炭素は、5.6÷28＝0.2molです。
次に、一酸化炭素COが完全燃焼するときの化学反応式は、

$2CO + O_2 \rightarrow 2CO_2$

この式を見ると、一酸化炭素２molに対して酸素１molが反応しています。
つまり、比が２：１なので、0.2molの一酸化炭素に対しては、酸素は0.1mol反応することがわかります。
標準状態１molの気体の体積は、気体の種類にかかわらず22.4Lなので、
酸素0.1molならば、22.4L×0.1＝2.24L
したがって、一酸化炭素5.6gが完全燃焼するときの酸素量は、2.24Lとなります。

問題20　解答 (2)

金属が水溶液中で[A]陽イオンになろうとする性質をイオン化傾向といいます。流電陽極法はこの性質を利用した金属の腐食防止方法の１つで、イオン化傾向の[B]大きい金属を先に溶解させることで本体の腐食を防止します。例えば鉄を本体とする場合には、主に[C]アルミニウムが用いられます。

問題21　解答 (1)

炭素が完全に燃焼すると[A]二酸化炭素になり、不完全燃焼の場合は[B]一酸化炭素になります。炭化水素（炭素と水素の化合物）が完全に燃焼すると、炭素と酸素が化合して[A]二酸化炭素が生じるとともに、水素と酸素が化合して水（[C]水蒸気）を生じます。なお、不完全燃焼（燃え切っていない）で発生する一酸化炭素は可燃物で、完全燃焼（すべて燃え切った）で発生する二酸化炭素は不燃物です。

問題22　解答 (4)

可燃性固体の微粉が、閉鎖的な空間に浮遊しているときに、何らかの火源によって爆発することを、粉じん爆発といいます。
(4)粉じんの粒子が小さいほど、空気と接する面積が大きくなるので、爆発の危険性が増します。誤りです。

問題23　解答 (5)

蒸気の濃度が２vol％ならば燃焼範囲内（1.1～7.1vol％）なので、点火源を与えれば引火します。(4)引火点とは、液体表面の蒸気の濃度が燃焼範囲の下限値に達したときの液温なので、引火点（４℃）と同じ液温のときは、燃焼範囲の下限値である1.1vol％の濃度の蒸気が発生します。(1)～(4)はすべて正しい内容です。

問題24　解答 (4)

注水して消火する方法は窒息消火ではなく、冷却消火です。窒息消火とは、酸素の供給を断つことによって消火する方法をいいます。(1)、(2)、(3)、(5)は正しい内容です。

問題25　解答 (5)

(1)**強化液消火剤**は炭酸カリウムを水に溶かした水溶液であり、これにより**凝固点降下**が起こり、凝固点が**−25℃〜−30℃**（使用温度範囲−20℃〜40℃）となっています。このため、寒冷地でも使用することができます。
(2)水の**比熱**は液体の中で最も大きく、また**蒸発熱**が非常に大きいので、蒸発するときに多くの熱を吸収します。このため**冷却効果**が高く、消火剤として有効です。
(3)**二酸化炭素**は、電気の不良導体（＝電気絶縁性が高い）なので、**電気火災**に適応することができます。
(4)**ハロゲン化物消火剤**は、燃焼の連鎖反応を化学的に抑制する効果があります。
(5)**粉末消火剤**は、粉末の粒子のサイズ（粒径）を小さくし、単位質量当たりの表面積を増すことによって、窒息効果と抑制効果を高めています。このため、粉末の粒径が小さいものほど消火作用が大きくなります。

■危険物の性質ならびにその火災予防および消火の方法

問題26　解答 (5)

(1)第１類危険物は、還元性ではなく、他の物質を酸化させる**酸化性**の固体です。
(2)第２類危険物は**可燃性固体**であり、**酸化**されやすいことが特徴です。
(3)第３類危険物には、固体または液体の物質が含まれますが、一部の例外を除いてほとんどが**可燃性**の物質です。
(4)第５類危険物は**自己反応性物質**といい、固体または液体の物質が含まれていますが、自分自身が燃える物質であり、酸化性ではありません。
(5)第６類危険物は、すべて**酸化性液体**です。

問題27　解答 (1)

(1)第４類の危険物の品名は、「**引火性液体**」です。ですから、引火点がいちばん高い動植物油類でも、周囲の温度が250℃程度で火源（かげん）があれば燃える（**可燃性**）ということです。正しい内容です。
(2)例えば、ガソリンや軽油が20℃でも水溶性にはならないように、第４類の危険物を常温（20℃）以上に温めると水溶性となるということはありません。
(3)第４類の危険物で、**発火点**が100℃以下なのは、**二硫化炭素**（にりゅうか）の**90℃**だけです。
(4)確かに、第４類危険物の化合物には、ジエチルエーテル（$C_2H_5OC_2H_5$）やアセトアルデヒド（CH_3CHO）のように、炭素（C）、水素（H）、酸素（O）のすべてを含むものもありますが、二硫化炭素（CS_2）などのように、水素（H）、酸素（O）を含まないものもあります。
(5)第４類の危険物は、**液比重が１よりも小さい**ものがほとんどですが、**二硫化炭素**（1.3）や**酢酸**（さくさん）（1.05）のように、液比重が１よりも大きいものもあります。ちなみに、**第３石油類**は、**重油**（液比重0.9〜1.0）**以外は液比重が１よりも大きい**です。

問題28　解答 ⑴

⑴静電気の発生量は、液体の流速に比例して増えるため、流速を遅くします。

⑵第４類危険物は、非水溶性で水より軽いものが多いため、水に浮いて拡散してしまう危険があります。

⑶温度が上昇して容器内の液体が熱膨張(ねつぼうちょう)を起こしても、容器が破損(はそん)されないよう、空間容量を若干残して詰(つ)めます。

⑷危険物の入っていた空の容器には、危険物の蒸気が残っていることがあるため、密閉された室内でふたを外して保管するのは危険です。

⑸空気より重い可燃性蒸気が床のくぼみに滞留してしまい、かえって危険です。

問題29　解答 ⑸

第４類危険物に冷却消火は効果が少なく、窒息(ちっそく)消火または抑制消火が効果的です。棒状放射の強化液には冷却効果しかなく、また水より軽いガソリンは強化液に浮いて火災範囲が拡大してしまいます。第４類危険物の火災に対して、⑵二酸化炭素と⑶泡の消火剤には窒息効果、⑴ハロゲン化物と⑷粉末の消火剤には窒息効果と抑制効果の両方があります。

問題30　解答 ⑵

正しいものは、A、C、Dの３つです。

B　ガソリンの燃焼範囲は、下限値1.4vol%、上限値7.6vol%です。

E　発火点が約300℃なので、沸点(ふってん)（40 ～ 220℃）まで加熱しても発火はしません。

問題31　解答 ⑶

引火点は、ベンゼンが－11.1℃、トルエンが４℃です。どちらも第１石油類（１気圧において引火点21℃未満の引火性液体）であることを覚えておきましょう。ベンゼンもトルエンも無色透明の液体であり、特有の芳香臭を有し、蒸気に毒性があります。また、水には溶けませんが有機溶剤に溶けます。

問題32　解答 ⑷

⑷酢酸(さくさん)の引火点は、39℃です。誤りです。酢酸が属する第２石油類の引火点は21 ～ 70℃未満（P.73参照）ですから、その点から考えても、20℃以下ということはありません。

⑸酢酸は、青い炎を上げて燃えます。この機会に覚えておきましょう。

問題33　解答 ⑴

重油の液比重は0.9 ～ 1.0です。一般に水よりやや軽いので、「重油」という名前に惑わされないよう注意しましょう。⑵～⑸はすべて正しい内容です。

問題34　解答 ⑷

正しいものは、A、C、Eの３つです。

B　動植物油類は、一般に水より軽いものが多いですが、水には溶けません。

D　不飽和(ふほうわ)度の高い不飽和脂肪酸を多く含むものほど、空気中の酸素との酸化反応が進みやすく、自然発火の危険性が高くなります。また、動植物油などの脂肪油は空気中の酸素と結びつくと乾燥（固化）するため、固化しやすい乾性(かんせい)油のほうが不乾性油よりも自然発火しやすいといえます。

問題35　解答 (2)

それぞれの発火点は、二硫化（にりゅうか）炭素90℃、アセトン465℃、エタノール363℃です。二硫化炭素などの**特殊引火物**は、引火点、発火点、沸点が第４類の中で最も低く、また燃焼範囲が非常に広いことから、**第４類で最も危険性の高い物質**であるということが重要です。(1)、(3)、(4)、(5)は正しい内容です。

予想模擬試験　第3回　解答一覧

危険物に関する法令		基礎的な物理学および基礎的な化学		危険物の性質ならびにその火災予防および消火の方法	
問題1	(3)	問題16	(1)	問題26	(5)
問題2	(4)	問題17	(4)	問題27	(3)
問題3	(2)	問題18	(5)	問題28	(5)
問題4	(4)	問題19	(3)	問題29	(2)
問題5	(4)	問題20	(1)	問題30	(2)
問題6	(1)	問題21	(4)	問題31	(1)
問題7	(5)	問題22	(2)	問題32	(3)
問題8	(5)	問題23	(3)	問題33	(3)
問題9	(3)	問題24	(2)	問題34	(1)
問題10	(1)	問題25	(2)	問題35	(3)
問題11	(4)				
問題12	(2)				
問題13	(1)				
問題14	(4)				
問題15	(2)				

☆得点を計算してみましょう。

挑戦した日	危険物に関する法令	基礎的な物理学および基礎的な化学	危険物の性質ならびにその火災予防および消火の方法	計
1回目 ／	／15	／10	／10	／35
2回目 ／	／15	／10	／10	／35

※各科目60％以上の正解率が合格基準です。

予想模擬試験　第３回　解答・解説

■危険物に関する法令

問題１　解答 (3)
消防法別表第一では、危険物をその性質によって第１類から第６類に分類しています。類が増すごとに危険性が大きくなるわけではなく、特類などありません。また、常温（20℃）で固体または液体の物質のみであり、気体は含まれません。なお、(1)の甲種、乙種、丙（へい）種というのは、危険物取扱者免状の種類であり、危険物の分類ではありません。

問題２　解答 (4)
これは、仮貯蔵・仮取扱いの制度の説明です。[A]指定数量以上の危険物は、製造所等以外の場所での貯蔵・取扱いが禁止されていますが、[B]所轄（しょかつ）消防長または消防署長の承認を受ければ、指定数量以上の危険物を[C]10日間以内の期間、[D]仮に貯蔵しまたは取り扱うことが認められます。なお、所轄消防長または消防署長が申請先であるのは仮貯蔵・仮取扱いだけです。

問題３　解答 (2)
A、B、Cの貯蔵量を、それぞれの指定数量で割った数を合計します。
A…100（L）÷200（L）＝0.5倍
B…800（L）÷400（L）＝２倍
C…500（L）÷1,000（L）＝0.5倍
これらを合計して、0.5＋２＋0.5＝3.0倍になります。

問題４　解答 (4)
仮使用とは、製造所等の一部について変更工事を行う場合に、市町村長等の承認を受けて、変更工事と関係のない部分（「変更工事に係る部分以外の部分の全部又は一部」）を仮に使用する制度です。完成検査前の工事期間中に認められるものであり、(4)が正しい記述です。(2)製造所等の使用を認めるのであって、危険物の使用ではありません。(3)10日以内といった期間の定めはありません。

問題５　解答 (4)
(4)住所は免状の記載事項に該当しないので、住所が変わっても書換えの申請は必要ありません。免状の書換えが必要なのは、氏名、本籍地の属する都道府県が変わったときと、免状に貼ってある写真が撮影してから10年たったときだけです。

問題６　解答 (1)
危険物取扱者でない者は、甲種または乙種の危険物取扱者の立会いがない限り、たとえ危険物保安監督者が置かれていても、製造所等の所有者等や丙種危険物取扱者の立会いがあったとしても、危険物を取り扱うことはできません。危険物施設保安員でも甲種または乙種の危険物取扱者でない限り、立ち会うことはできません。一方、甲種危険物取扱者は、すべての類の危険物について立ち会うことができます。

問題７　解答 (5)

(1)(2)危険物施設保安員に関しては、特に資格要件は定められていません。ですから、丙種危険物取扱者が危険物施設保安員になることは可能ですし、実務経験も問われません。

(3)危険物保安統括（とうかつ）管理者に関しては、「事業所においてその事業の実施を統括管理する者をもって充てなければならない」とだけ定められています。ですから、実務経験は問われません。

(4)危険物保安統括管理者であっても、製造所等において、危険物取扱者の立会いなしに危険物を取り扱うことは、禁じられています。危険物施設保安員も同様です。

問題８　解答 (5)

予防規程（きてい）を作成したとき、および変更したときは、市町村長等の認可を受ける必要があります。そして市町村長等は、その予防規程が技術上の基準に適合していないなど、火災の予防に適当でないと認めるときは認可をしてはならず、必要があれば予防規程の変更を命じることもできます。(1)〜(4)はすべて正しい内容です。

問題９　解答 (3)

移動タンク貯蔵所には、施設の規模や危険物の種類、指定数量の倍数などに関係なく、自動車用消火器（第５種消火設備）を２個以上設置することとされています。(1)、(2)、(4)、(5)は正しい内容です。

問題10　解答 (1)

第４類または第５類のほかに、第２類の引火性固体や第３類の自然発火性物品などを貯蔵または取り扱う場合も、注意事項を表示する掲示板として「火気厳禁」を掲げることとされています。(2)〜(5)は、どれも正しい内容です。

問題11　解答 (4)

(1)屋内タンク貯蔵所、簡易タンク貯蔵所、販売取扱所は、定期点検の実施対象とされていません。

(2)危険物施設保安員も行うことができます。また、危険物取扱者の立会いがあれば、危険物取扱者以外の者でも行うことができます。

(3)定期点検は、市町村長等ではなく、製造所等の所有者等が実施するものです。

(4)移動タンク貯蔵所は、タンクの容量などに関係なく、常に定期点検を実施しなければならない施設です。正しい内容です。

(5)製造所については、指定数量の倍数が10以上のもの、または地下タンクを有するものだけに、定期点検の義務があります。

問題12　解答 (2)
適合しているものは、AとEの２つです。
B　給油取扱所では、固定給油設備を使用して自動車等に直接給油しなければなりません。ドラム缶などの容器から手動ポンプで給油することは認められません。
C　給油ノズルの吐出量を抑えて給油するのではなく、危険物を注入中の専用タンクに接続している固定給油設備は、使用を中止しなければなりません。
D　危険物が下水道に流れ込むと火災予防上危険なので、すべての製造所等に共通する基準として、貯留（ちょりゅう）設備または油分離装置に溜（た）まった危険物は、あふれないよう随時くみ上げることとされています。

問題13　解答 (1)
(1)小型消火器なので、第５種です。
(2)「○○消火設備」と名前の付くものはすべて第３種です。
(3)「○○消火栓」と名前の付くものは第１種です。
(4)大型消火器は、第４種です。
(5)スプリンクラー設備は、第２種です。

問題14　解答 (4)
(4)運搬容器の外部には、(3)のように、品名、危険等級、化学名、数量のほかに収納する危険物に応じた注意事項を表示しなければなりません。消火方法の表示は定められていません。また、第４類危険物の水溶性のものには「水溶性」と表示しなければなりません。

問題15　解答 (2)
製造所等の無許可変更に対しては、設置許可の取消しまたは使用停止命令が発せられます。なお、製造所等の修理・改造・移転命令（基準適合命令ともいう）は製造所等の位置、構造または設備が技術上の基準に適合していない場合に発せられる命令です。(1)は貯蔵・取扱いの基準遵守（じゅんしゅ）命令、(3)は完成検査前使用に対する設置許可の取消しまたは使用停止命令、(4)は危険物保安監督者の解任命令、(5)は無許可貯蔵等の危険物に対する措置（そち）命令です。

■基礎的な物理学および基礎的な化学

問題16　解答 (1)
液体内部から蒸発が起こる現象を[A]沸騰（ふっとう）といいます。沸騰が起こるためには、液体の蒸気圧が、液面にかかる[B]外圧（大気圧）以上の大きさになる必要があります。液体の蒸気圧は、限界値である[C]飽和（ほうわ）蒸気圧の値まで上昇しますが、飽和蒸気圧は液温の上昇に伴（ともな）って増大するため、液体を加熱していくと、やがて液体の蒸気圧が外圧（大気圧）と等しくなり、沸騰がはじまります。このときの液温が[D]沸点（ふってん）です。

問題17　解答⑷

熱量と比熱との関係は、次の式で表されます。

　　熱量（J）＝ 比熱 × 質量（ g ）× 温度差（℃またはK）

この式を見ると、質量が同じ物質の温度を同じ温度差だけ上昇させようとするときは、比熱の大きいほうが熱量の値が大きくなることがわかります。つまり、比熱の大きい物質は、それだけ多くの熱量が与えられなければ温度が上昇しないということであり、温まりにくいことがわかります。逆に、温度が下がるときは、大きな熱量が出ていかなければ下がらないため、冷めにくいということになります。⑴、⑵、⑶、⑸は正しい内容です。

問題18　解答⑸

正しいものは、CとDの２つです。

A　電気絶縁性が高い（＝導電性が低い）場合は、静電気（せいでんき）を蓄積しやすくなります。

B　静電気は、粒子と液体とが攪拌されて、互いに接触、衝突、摩擦することによって生じます。この接触、衝突、摩擦は、粒子と液体とが攪拌されている箇所すべてで起こります。攪拌槽の壁面のみで起こるわけではありません。

C　落差による攪拌などで静電気を生じないよう、注入管のノズルの先端をタンクの底部に着けて注入します。

D　流動帯電の場合、静電気の発生量は液体の流速に比例して増えます。

問題19　解答⑶

加硫ゴムの老化（亀裂、強度の低下など）の現象は、主に、空気中の酸素と結びつくことによる酸化が原因と考えられます。

問題20　解答⑴

他の物質を酸化させる物質（自分自身は還元される）を酸化剤といいます。そのため、酸化剤は相手の物質に酸素を与える性質があります。これとは逆に、他の物質を還元させる物質（自分自身は酸化される）が還元剤です。還元剤は相手の物質から酸素を奪う性質があります。⑴は、他の物質によって酸化されるのだから還元剤です。

問題21　解答⑷

⑷電気火花（点火源）と酸素（酸素供給源）はありますが、二酸化炭素は酸化され終わった不燃物なので、可燃物にはなりません。

問題22　解答⑵

粉状にすると、空気との接触面積が大きくなって、酸素と結びつきやすくなるため燃えやすくなります。⑴粉状にすると熱が移動できない状態になり、熱伝導率は見かけ上、小さくなります。このため熱が蓄積しやすくなり、物質の温度が上がって燃えやすくなります。⑶熱が拡散するのではなく、蓄積します。⑷発熱量が大きくなるため燃えやすくなります。⑸空気との接触面積が増え、酸素は供給されやすくなります。

問題23　解答 (3)

(1)引火点が－40℃なので、液温－15℃のときに点火源を近づければ燃焼します。
(2)混合気体中の可燃性蒸気の濃度が燃焼範囲内にあれば燃焼します。可燃性蒸気の濃度（vol%）は、混合気体全体の体積に占める可燃性蒸気の体積の割合なので、

可燃性蒸気の濃度 = 可燃性蒸気の体積÷混合気体全体の体積×100
= 10（L）÷200（L）×100 = 5（vol%）

∴ 燃焼範囲内（1.4 ～ 7.6vol%）にあるので、点火すると燃焼します。
(3) 100℃では発火点未満なので、点火源を与えなければ燃焼しません。
(4)発火点である300℃以上の温度になるため、点火源を与えなくても燃焼します。
(5)(2)と同様に、可燃性蒸気の濃度（vol%）を求めます。(5)の場合、
混合気体全体の体積＝ 蒸気の体積（3L）＋空気の体積（97L）＝100（L）なので、
可燃性蒸気の濃度 = 3（L）÷100（L）×100 = 3（vol%）
∴ 燃焼範囲内なので、点火すると燃焼します。

問題24　解答 (2)

動植物油の自然発火は、油が空気中で[A]酸化され、これによって発生した熱が蓄積されて、[B]発火点に達すると起こります。動植物油などの脂肪油は、空気中の酸素と結びつくと樹脂（じゅし）状に固まりやすい性質があり、これを油脂（ゆし）の乾燥（固化）といいます。自然発火は一般に、乾燥しやすい乾性（かんせい）油のほうが[C]起こりやすく、この乾燥のしやすさを、油脂[D]100gに結びつくよう素のグラム数で表したものを、よう素価といいます。

問題25　解答 (2)

誤っているものは、AとEの2つです。

A　たん白泡消火剤は、水溶性液体用泡消火剤（耐アルコール泡）の1つで、牛などの動物のタンパク質を原料としています。他の泡消火剤と比べると熱に強く、また風による消失や飛散の少ない泡ですが、発泡性が低いという性質があります。

B　粉末消火剤は、粒径を小さくして単位質量当たりの表面積を増すことにより、窒息効果と抑制効果を高めています。

C　強化液消火剤には、燃焼を化学的に抑制する効果と冷却効果があるため、消火した後に再び出火することを防ぐ再燃防止効果もあります。

D　強化液消火剤は、霧状放射の場合のみ、油火災および電気火災に適応できます。

E　二酸化炭素消火剤には、空気中に放射すると室内や燃焼物周辺の酸素濃度を低下させる窒息効果があるため、密閉された場所で使用すると、酸欠状態を引き起こす危険性があります。

■危険物の性質ならびにその火災予防および消火の方法

問題26　解答(5)

(1)第１類の危険物は、他の物質を酸化させる**酸化性**の固体であり、自分自身は燃焼（酸化）しません（**不燃性**）。

(2)第２類の危険物は**可燃性固体**といい、比較的低温で引火または着火しやすい性質を有しています。

(3)第３類の危険物の中には、**自然発火性**または**禁水性**のどちらかの性質しか有しないものもありますが、ほとんどが両方の性質を有する物質です。

(4)第５類の危険物は大部分が分子構造中に酸素を含み、分解して放出した酸素によって自分自身が多量の熱を発生したり、爆発的に燃焼したりします。

(5)第６類の危険物は**酸化性液体**ですが、他の物質を酸化させる**酸化性**という性質は、液体が強い酸性を示す（**強酸性**）という性質とは関係がありません。

問題27　解答(3)

(1)水に溶けやすい水溶性のものもありますが、多くは**非水溶性**です。

(2)可燃性蒸気の濃度が**燃焼範囲内**にあるときにだけ引火します。

(4)常温（20℃）よりも**引火点**が高いものは、常温で火源（かげん）を与えても引火しません。

(5)燃焼範囲の**下限値**が低いものほど、危険性は**大きい**といえます。

問題28　解答(5)

湿気があったほうが**空気中の水分**が多くなり、**静電気**がその水分に移動しやすくなるため、静電気の蓄積防止につながります。(1)～(4)はすべて正しい内容です。

問題29　解答(2)

該当するものは、C、Eの２つです。

エタノールなどのアルコール類や、アセトアルデヒド、アセトンなどの**水溶性**の危険物は、一般の泡消火剤では泡を溶かしてしまうため、**水溶性液体用泡消火剤**（**耐（たい）アルコール泡**）を使用します。[A]ガソリン、[B]二硫化（にりゅうか）炭素、[D]クレオソート油は非水溶性です。

問題30　解答(2)

ジエチルエーテルは、水にわずかに溶け、**水よりも軽い**物質です（液比重0.7）。容器に水を張って蒸気の発生を抑制するというのは、**二硫化炭素**の貯蔵方法です。(1)、(3)、(4)、(5)は正しい内容です。

問題31　解答(1)

ガソリン（自動車ガソリンも同じ）の**発火点**は**約300℃**と高く、自然発火の危険性は低いといえます。なお、ガソリンは無色透明の液体ですが、自動車ガソリンは灯油や軽油と簡単に識別できるよう、**オレンジ色**に着色されています。ガソリンの引火点、発火点、燃焼範囲は必ず覚えましょう。(2)～(5)はすべて正しい内容です。

問題32　解答 (3)
メタノールが強い毒性を有するのに対し、エタノールにはメタノールのような毒性はなく、麻酔性があります。メタノールもエタノールもアルコール類であり、消防法では、1分子を構成する炭素原子の数が1個から3個までの飽和1価アルコールをアルコール類と定めています。(1)、(2)、(4)、(5)は正しい内容です。

問題33　解答 (3)
正しいものは、B、C、Dの3つです。
A　通常の灯油が特に自然発火しやすいということはありません。ただし、ぼろ布に染み込んだものは、自然発火する危険性があります。
E　灯油とガソリンはよく混じり合い、混合すると引火の危険性が高まるので、注意が必要です。

問題34　解答 (1)
第4石油類は、引火点が200℃以上250℃未満のものとされています。第1石油類は引火点が21℃未満なので、(1)が誤りです。(5)第4石油類の火災は重油火災と同様、いったん燃えはじめると発熱量が大きいため、液温が非常に高くなり、消火が困難となります。(2)〜(5)はすべて正しい内容です。

問題35　解答 (3)
(1)アセトン、(2)グリセリン、(4)酸化プロピレン、(5)ピリジンは水溶性の危険物です。

予想模擬試験　第4回　解答一覧

危険物に関する法令		基礎的な物理学および基礎的な化学		危険物の性質ならびにその火災予防および消火の方法	
問題1	(3)	問題16	(1)	問題26	(2)
問題2	(4)	問題17	(5)	問題27	(3)
問題3	(5)	問題18	(1)	問題28	(4)
問題4	(2)	問題19	(2)	問題29	(3)
問題5	(3)	問題20	(1)	問題30	(1)
問題6	(4)	問題21	(5)	問題31	(5)
問題7	(4)	問題22	(3)	問題32	(3)
問題8	(1)	問題23	(2)	問題33	(2)
問題9	(2)	問題24	(1)	問題34	(1)
問題10	(2)	問題25	(4)	問題35	(5)
問題11	(3)				
問題12	(1)				
問題13	(3)				
問題14	(2)				
問題15	(1)				

☆得点を計算してみましょう。

挑戦した日	危険物に関する法令	基礎的な物理学および基礎的な化学	危険物の性質ならびにその火災予防および消火の方法	計
1回目 ／	／15	／10	／10	／35
2回目 ／	／15	／10	／10	／35

※各科目60％以上の正解率が合格基準です。

予想模擬試験　第４回　解答・解説

■危険物に関する法令

問題１　解答⑶

⑶第３類の危険物は、自然発火性物質および禁水性物質です。ちなみに、第１類と第６類だけは不燃性です。

問題２　解答⑷

A　ガソリンの指定数量は200Ｌ。400Ｌなら２倍。
B　灯油の指定数量は1,000Ｌ。500Ｌなら0.5倍。
C　軽油の指定数量も1,000Ｌ。1,000Ｌなら１倍。
D　重油の指定数量は2,000Ｌ。2,000Ｌなら１倍。
全部合わせると、4.5倍ですので、答えは⑷になります。

問題３　解答⑸

⑴これは屋内タンク貯蔵所の説明です。屋内貯蔵所では危険物を容器に入れて貯蔵します。
⑵給油取扱所とは、固定給油設備によって自動車等の燃料タンクに直接給油するために危険物を取り扱う取扱所をいいます。
⑶第１種販売取扱所は、指定数量の倍数が30以下ではなく、15以下の危険物を取り扱います。ちなみに第２種販売取扱所は、指定数量の倍数が15を超えて40以下の危険物を取り扱います。
⑷ボイラーで重油等を消費する施設は、一般取扱所に区分されます。

問題４　解答⑵

製造所等の位置、構造、設備の変更を伴わずに、貯蔵する危険物の品名を変更する場合は、品名を変更しようとする日の10日前までに市町村長等にその旨の届出をする（届出手続）のであって、そもそも申請手続きではありません。なお、危険物の品名等の変更に製造所等の位置、構造または設備の変更を伴う場合には、その位置・構造・設備の変更についての許可を申請すれば足ります。

問題５　解答⑶

丙種危険物取扱者が取り扱える危険物にガソリン、灯油、重油は含まれていますが、ジエチルエーテル（特殊引火物）やエタノール（アルコール類）は含まれていません。したがって、⑶が正しく、⑵、⑷は誤りです。⑴丙種危険物取扱者は立会いをすることができません。⑸丙種危険物取扱者には危険物保安監督者になる資格がありません。

問題６　解答⑷

移動タンク貯蔵所は、危険物の種類や指定数量の倍数等に関係なく、常に定期点検を実施しなければならない施設です。したがって、⑴と⑵は誤りです。⑶たとえ所有者であっても、危険物取扱者の立会いがないと、危険物取扱者または危険物施設保安員以外の者は定期点検を行えません。⑸定期点検の記録は、移動タンク貯蔵所でも、３年間の保存が原則です。

問題７　解答⑷

正しいものは、ＢとＤの２つです。

危険物保安監督者は、甲種または乙種の危険物取扱者のうち製造所等で６カ月以上危険物取扱いの実務経験を有する者から選任しなければならず、丙種危険物取扱者には資格がありません。また、危険物保安監督者を選任したときは、遅滞（ちたい）なく市町村長等に届出をする必要があります。届出先は所轄（しょかつ）の消防長や消防署長ではありません。

問題８　解答⑴

給油取扱所には、固定給油設備もしくは固定注油設備に接続する専用タンクまたは容量10,000Ｌ以下の廃油タンクを地下に埋設して設置することができますが、専用タンクについては容量制限の規定がありません。⑵～⑸はすべて正しい内容です。

問題９　解答⑵

学校や病院等の建築物等から一定の「保安距離」を保たなければならない製造所等は、製造所、屋内貯蔵所、屋外貯蔵所、屋外タンク貯蔵所、一般取扱所の５つです。⑵の給油取扱所は、これに含まれていません。

問題10　解答⑵

⑴危険物取扱者が免状の携帯（けいたい）を求められるのは、移送の場合だけです。

⑶、⑷それぞれの年数が逆です。⑶返納は１年、⑷消防法令違反は２年です。

⑸危険物取扱者免状は、全国で有効です。

問題11　解答⑶

⑴１週間ではなく、１日に１回以上とされています。

⑵換気に気をつけるのではなく、このような場所では、そもそも火花を発するような機械器具、工具等は使用しないこととされています。

⑷焼却による廃棄については、安全な場所で、燃焼や爆発による危害を他に及ぼすおそれのない方法で行い、必ず見張人をつけることとされています。

⑸保護液からは危険物を露出させないこととされています。

問題12　解答⑴

⑴危険物の貯蔵タンクなどに取り付けられた通気管は、温度によって蒸気圧が変わることでタンク内の圧力が変動することを避けるためのものです。ですから、基本的に常に開放しておきます。通気管以外の、底弁（そこべん）、計量口、水抜口、元弁は、通常は閉鎖しておきます。

問題13　解答⑶

⑶運搬（うんぱん）容器を積み重ねる高さは、２ｍではなく、３ｍ以下と定められています。

問題14　解答(2)
誤っているものは、ＡとＥの２つです。
Ａ　移動貯蔵タンクの底弁(そこべん)の点検は、移送終了後ではなく、移送開始前に行います。マンホールと注入口のふた、消火器等の点検も移送開始前に行います。
Ｂ　移送する危険物を取り扱える危険物取扱者の乗車は必要ですが、危険物取扱者自身が運転する必要はありません。
Ｃ　ガソリン（引火点－40℃以下）など、引火点40℃未満の危険物を他のタンクに注入するときは、移動タンク貯蔵所の原動機を停止させなければなりません。
Ｄ　丙種危険物取扱者はガソリンの取扱いができるので、問題ありません。
Ｅ　完成検査済証は、事務所ではなく、移動タンク貯蔵所に備え付ける必要があります。また、写し（コピー）ではだめです。免状や定期点検記録等の書類についても同じです。

問題15　解答(1)
(2)完成検査前使用、(3)定期点検未実施は、設置許可取消しまたは使用停止命令の対象となる事由であり、(4)基準遵守(じゅんしゅ)命令違反、(5)解任命令違反は使用停止命令の対象となる事由ですが、(1)は使用停止命令の対象となる事由ではありません。

■基礎的な物理学および基礎的な化学

問題16　解答(1)
(1)硫黄(いおう)は固体ですが、可燃性液体と同様に、発生させた蒸気が燃焼するので、蒸発燃焼です。ナフタリンも同様です。

問題17　解答(5)
(1)引火点は、低い（＝数値が小さい）ほど危険性が高くなります。
(2)発火点は、低い（＝数値が小さい）ほど危険性が高くなります。
(3)燃焼範囲の下限値は、低い（＝数値が小さい）ほど危険性が高くなります。
(4)最小着火エネルギーとは、着火・爆発を起こし得る着火源の最小エネルギーのことです。この数値が小さいほど着火しやすく、危険性が高くなります。
(5)火炎伝播速度とは、可燃性蒸気と空気との混合気体に点火したとき、燃えていない部分に火炎が広がっていく速さのことです。この数値は大きいほど危険性が高くなります。

問題18　解答(1)
(2)「導電性が低い」というのは、「電気を通しにくい」、「電気絶縁性が高い」ということです。こうした物質は、内部に発生する静電気(せいでんき)を外に逃がしにくいために、静電気が蓄積しやすくなります。
(3)静電気の放電火花は、可燃性蒸気等の点火源になります。だからこそ、静電気対策が重要になります。
(4)一般的に、合成樹脂(じゅし)は摩擦(まさつ)などによって静電気を発生しやすいです。
(5)静電気は、直射日光に長時間さらされただけでは帯電(たいでん)しません。

問題19　解答 (2)

⑴水は単体ではなく、水素と酸素の化合物です。

⑵メタンは炭素と水素の化合物、ガソリンは炭化水素化合物を主成分とする混合物です。

⑶灯油は化合物ではなく、ガソリンや軽油、重油などと同様に混合物です。

⑷プロパンは単体ではなく、炭素と水素の化合物です。また、希硫酸（りゅうさん）は水と硫酸の混合物です（なお、硫酸は水素と硫黄（いおう）と酸素の化合物です）。

⑸食塩（塩化ナトリウム）は混合物ではなく、塩素とナトリウムの化合物です。

問題20　解答 (1)

⑴一般に異種金属が接触すると腐食（ふしょく）が進行しますが、アルミニウムや亜鉛のような、鉄よりもイオン化傾向の大きい金属との接続であれば、逆に鉄の腐食を防ぎます。

⑵限度以上の塩分が存在する場所では、鉄の腐食が進行します。

⑶乾いた土壌と湿った土壌など、土質の異なる場所では腐食の影響を受けやすいとされています。

⑷電気設備から土中に漏（も）れ出した迷走電流によって、腐食が進行します。

⑸アルカリ性の環境が保たれた正常なコンクリート内であれば、金属の腐食は進行しませんが、中性化の進んだコンクリート内では腐食が進みます。

問題21　解答 (5)

窒素は不燃物であり、また酸素供給源にもならず、燃焼には関与しない物質です。⑴～⑶はいずれも可燃物です。⑷の過酸化水素（第６類危険物）は不燃物ですが、分解して酸素を発生するため、酸素供給源になります。

問題22　解答 (3)

10℃上昇するごとに反応速度が２倍になるのだから、
10℃から20℃→２倍。
20℃から30℃→２倍の２倍で４倍。
30℃から40℃→４倍の２倍で８倍。
40℃から50℃→８倍の２倍で16倍。
50℃から60℃→16倍の２倍で32倍となります。

問題23　解答 (2)

混合気体中の可燃性蒸気の濃度が、燃焼範囲内にあれば燃焼可能です。可燃性蒸気の濃度（vol%）は、混合気体全体の体積に占める可燃性蒸気の体積の割合なので、次の式によって求められます。

　　可燃性蒸気の濃度（vol%） ＝ 可燃性蒸気の体積÷混合気体全体の体積×100

⑴混合気体全体の体積＝１＋100＝101 L　　∴１÷101×100＝0.990…（vol%）
⑵混合気体全体の体積＝２＋100＝102 L　　∴２÷102×100＝1.960…（vol%）
⑶混合気体全体の体積＝10＋100＝110 L　　∴10÷110×100＝9.090…（vol%）
⑷混合気体全体の体積＝15＋100＝115 L　　∴15÷115×100＝13.04…（vol%）
⑸混合気体全体の体積＝20＋100＝120 L　　∴20÷120×100＝16.66…（vol%）

以上より、燃焼範囲内（1.1 ～ 6.0vol%）にあるのは、⑵だけです。

問題24　解答 ⑴
空気は、窒素（約78%）と酸素（約[A]21%）を主成分とする混合物です。酸素濃度を燃焼に必要な濃度以下にする消火方法を[B]窒息消火といいます。物質の種類によって燃焼に必要な限界酸素濃度は異なりますが、一般に石油類では、二酸化炭素を添加して消火する場合には酸素濃度を[C]14%以下にする必要があります。

問題25　解答 ⑷
同素体とは、同じ元素からできている単体でありながら、原子の結合状態が異なっているために化学的性質が異なるものをいいます。オゾンO_3と酸素O_2は同素体ですが、両者の性状は異なります。⑴、⑵、⑶、⑸は、正しい組合せです。

■危険物の性質ならびにその火災予防および消火の方法

問題26　解答 ⑵
⑴第１類の危険物はすべて酸化性固体であり、液体のものはありません。
⑶第３類の危険物はほとんどが可燃性の物質ですが、液体のほかに固体も含まれています。
⑷第５類の危険物には引火性を有する物質も含まれていますが、すべてが引火性を有するわけではなく、また、固体のほかに液体も含まれています。
⑸第６類の危険物は酸化性液体で、すべて不燃性ですが、固体のものはありません。

問題27　解答 ⑶
⑴引火点が低いものほど、引火の危険性は大きいといえます。
⑵必ずしも酸素を含有しているとは限らず、また、混合物も多く存在します。
⑷水の沸点（ふってん）（100℃）より高い沸点のものも多く存在します。
⑸液比重（液体の比重）は１より小さいものが多く存在します。

問題28　解答 ⑷
正しいものは、C、Eの２つです。
A　絶縁性のある合成繊維（せんい）のものは帯電（たいでん）しやすいため、不適切です。綿製品のものを着用するようにします。
B　通気孔を開けると、そこから可燃性蒸気が漏（も）れてしまいます。
D　地表近くではなく高所に排出し、降下してくる間に拡散させて濃度を薄めます。

問題29　解答 ⑶
ガソリンなどの第４類危険物に冷却消火は効果が少なく、窒息消火または抑制消火が効果的です。ハロゲン化物消火剤には、窒息効果と抑制効果の両方があります。霧状放射の強化液には抑制効果、二酸化炭素と泡消火剤には窒息効果があります。水は、油火災に適応しないので、棒状放射でも霧状放射でも効果的ではありません。

問題30　解答⑴
特殊引火物とは1気圧において、発火点が100℃以下、または引火点が－20℃以下であって沸点40℃以下のものとされています。二硫化炭素は発火点90℃ですが、引火点－20℃以下で沸点40℃以下に該当するものは、発火点が100℃より高くても特殊引火物です。ジエチルエーテルやアセトアルデヒドなどがこれに当たります。⑵～⑸はすべて正しい内容です。

問題31　解答⑸
アセトンは、水によく溶けるだけでなく、アルコールなどの有機溶剤にも溶けます。また、沸点（56℃）が低いため揮発しやすく、特有の臭気がある無色透明の液体です。⑴～⑷はすべて正しい内容です。

問題32　解答⑶
正しいものは、A、B、Eの3つです。
C　どちらも水より軽い液体です。
D　灯油、軽油とも、発火点は220℃です。

問題33　解答⑵
⑴アクリル酸は、無色透明の液体ですが、酢酸に似た刺激臭があります。
⑶水、アルコール、ジエチルエーテルによく溶けます。
⑷融点は14℃なので、液温が低くなると凝固する可能性があります。
⑸液比重は1.06、蒸気比重は2.45で、どちらも1より大きいです。

問題34　解答⑴
⑴重油は、水には溶けません。

問題35　解答⑸
⑴灯油、⑵軽油、⑶重油、⑷シリンダー油、クレオソート油は、引火点が常温（20℃）よりも高いため、常温において点火源を与えても引火しません。特殊引火物、第1石油類およびアルコール類のメタノール、エタノールは、引火点が常温（20℃）よりも低いということを押さえましょう。

■元素の周期表

典型元素（1〜2族）　遷移元素（3〜11族）　典型元素（12〜18族）

原子番号 — 1 H — 元素記号
元素名 — 水素
単体が20℃・1気圧で
●＝気体　○＝液体
記号なし＝固体

■：非金属の典型元素　□：金属の遷移元素
□：金属の典型元素

族／周期	1	2	3	4	5	6	7	8	9	10	11	12	13	14	15	16	17	18	族／周期
1	1 H ● 水素																	2 He ● ヘリウム	1
2	3 Li リチウム	4 Be ベリリウム											5 B ホウ素	6 C 炭素	7 N ● 窒素	8 O ● 酸素	9 F ● フッ素	10 Ne ● ネオン	2
3	11 Na ナトリウム	12 Mg マグネシウム											13 Al アルミニウム	14 Si ケイ素	15 P リン	16 S 硫黄	17 Cl ● 塩素	18 Ar ● アルゴン	3
4	19 K カリウム	20 Ca カルシウム	21 Sc スカンジウム	22 Ti チタン	23 V バナジウム	24 Cr クロム	25 Mn マンガン	26 Fe 鉄	27 Co コバルト	28 Ni ニッケル	29 Cu 銅	30 Zn 亜鉛	31 Ga ガリウム	32 Ge ゲルマニウム	33 As ヒ素	34 Se セレン	35 Br ○ 臭素	36 Kr ● クリプトン	4
5	37 Rb ルビジウム	38 Sr ストロンチウム	39 Y イットリウム	40 Zr ジルコニウム	41 Nb ニオブ	42 Mo モリブデン	43 Tc テクネチウム	44 Ru ルテニウム	45 Rh ロジウム	46 Pd パラジウム	47 Ag 銀	48 Cd カドミウム	49 In インジウム	50 Sn スズ	51 Sb アンチモン	52 Te テルル	53 I ヨウ素	54 Xe ● キセノン	5
6	55 Cs セシウム	56 Ba バリウム	57〜71 ランタノイド	72 Hf ハフニウム	73 Ta タンタル	74 W タングステン	75 Re レニウム	76 Os オスミウム	77 Ir イリジウム	78 Pt 白金	79 Au 金	80 Hg ○ 水銀	81 Tl タリウム	82 Pb 鉛	83 Bi ビスマス	84 Po ポロニウム	85 At アスタチン	86 Rn ● ラドン	6
7	87 Fr フランシウム	88 Ra ラジウム	89〜103 アクチノイド														ハロゲン	希ガス	7
	アルカリ金属	アルカリ土類金属																	

強　金属性　弱

MEMO

●法改正・正誤等の情報につきましては、下記「ユーキャンの本」ウェブサイト内「追補（法改正・正誤）」をご覧ください。
https://www.u-can.co.jp/book/information

●本書の内容についてお気づきの点は
・「ユーキャンの本」ウェブサイト内「よくあるご質問」をご参照ください。
https://www.u-can.co.jp/book/faq
・郵送・FAXでのお問い合わせをご希望の方は、書名・発行年月日・お客様のお名前・ご住所・FAX番号をお書き添えの上、下記までご連絡ください。
【郵送】〒169-8682 東京都新宿北郵便局 郵便私書箱第2005号
ユーキャン学び出版 危険物取扱者資格書籍編集部
【FAX】03-3350-7883
◎より詳しい解説や解答方法についてのお問い合わせ、他社の書籍の記載内容等に関しては回答いたしかねます。

●お電話でのお問い合わせ・質問指導は行っておりません。

ユーキャンの乙種第４類危険物取扱者 予想問題集 第４版

2012年３月16日 初 版 第１刷発行
2014年10月17日 第２版 第１刷発行
2018年７月27日 第３版 第１刷発行
2023年10月６日 第４版 第１刷発行

編 者 ユーキャン危険物取扱者試験研究会
発行者 品川泰一
発行所 株式会社 ユーキャン 学び出版
〒151-0053
東京都渋谷区代々木1-11-1
Tel 03-3378-1400

編 集 株式会社 東京コア

発売元 株式会社 自由国民社
〒171-0033
東京都豊島区高田3-10-11
Tel 03-6233-0781（営業部）

印刷・製本 望月印刷株式会社

※落丁・乱丁その他不良の品がありましたらお取り替えいたします。お買い求めの書店か自由国民社営業部（Tel 03-6233-0781）へお申し出ください。

 ISBN978-4-426-61527-7

予想模擬試験

第1回 …………………………………………………… P.2
第2回 …………………………………………………… P.14
第3回 …………………………………………………… P.25
第4回 …………………………………………………… P.36
解答カード ……………………………………………… P.47

■予想模擬試験の活用方法

この試験は、本試験前の学習理解度の確認用に活用してください。本試験での合格基準（各科目60%以上の正解率）を目標に取り組みましょう。

■解答の記入の仕方

①解答の記入には、本試験と同様にHBかBの鉛筆を使用してください。なお、本試験では電卓、定規などは使用できません。

②解答カードは、本試験と同様の実物大のマークシート方式です。解答欄の正解と思う番号のだ円の中をぬりつぶしてください。その際、鉛筆が枠からはみ出さないよう気をつけてください。

③消しゴムはよく消えるものを使用し、本試験で解答が無効にならないよう注意してください。

■試験時間

120分（本試験の試験時間と同じです）

■解答解説

解答解説は本体のP.161以降に収録しています。間違えた問題は解説をしっかり読んで理解を深めましょう。

予想模擬試験　第１回

■危険物に関する法令

問題１　法別表第一に定める第４類の危険物の品名について、次のうち誤っているものはどれか。

(1)　ジエチルエーテルは、特殊引火物に該当する。

(2)　ベンゼンは、第１石油類に該当する。

(3)　重油は、第２石油類に該当する。

(4)　クレオソート油は、第３石油類に該当する。

(5)　シリンダー油は、第４石油類に該当する。

問題２　法令上、製造所等において、危険物取扱者以外の者が行う危険物の取扱いに対する立会いについて、次のうち誤っているものはどれか。

(1)　乙種の第１類の免状を有する危険物取扱者は、第１類の危険物の取扱いに立ち会うことができる。

(2)　乙種の第４類の免状のみを有する危険物取扱者は、第５類の危険物の取扱いに立ち会うことはできない。

(3)　甲種危険物取扱者は、第６類の危険物の取扱いに立ち会うことができる。

(4)　乙種の第４類の免状を有する危険物取扱者は、特殊引火物の取扱いに立ち会うことができる。

(5)　丙種危険物取扱者は、第４類の危険物のうち、第４石油類の取扱いに立ち会うことができる。

問題３　法令上、危険物の品名、物品名および指定数量の組合せで、次のうち正しいものはどれか。

	品名	物品名	指定数量
(1)	特殊引火物	二硫化炭素	100Ｌ
(2)	第１石油類	ガソリン	200Ｌ
(3)	第２石油類	酢酸	1,000Ｌ
(4)	第３石油類	グリセリン	2,000Ｌ
(5)	第４石油類	ギヤー油	10,000Ｌ

問題４　次の文の（　　）内のＡ～Ｄに当てはまる語句の組合せとして、正しいものはどれか。

「製造所等（移送取扱所を除く）を設置する場合には、消防本部および消防署を置く市町村の区域では当該（　Ａ　）、その他の区域では当該区域を管轄する（　Ｂ　）の許可を受ける必要がある。また、工事完了後に（　Ｃ　）を申請して、技術上の基準に適合していることが認められると、（　Ｄ　）の交付が受けられる。」

	A	B	C	D
(1)	市町村長	都道府県知事	完成検査	完成検査済証
(2)	市町村長等	都道府県知事	完成検査前検査	許可証
(3)	消防長または消防署長	市町村長	完成検査	完成検査済証
(4)	消防長または消防署長	市町村長等	完成検査前検査	タンク検査済証
(5)	市町村長	都道府県知事	完成検査	許可証

問題5　法令上、屋外貯蔵所で貯蔵することができない危険物のみの組合せとして、次のうち正しいものはどれか。

(1)	灯油	ジエチルエーテル
(2)	硫黄	メタノール
(3)	ギヤー油	動植物油類
(4)	二硫化炭素	ガソリン
(5)	アセトン	重油

問題6　法令上、危険物取扱作業の保安に関する講習（以下「講習」という。）について、次のうち正しいものはどれか。

(1)　危険物の取扱作業に現に従事している者のうち、消防法令に違反した者のみがこの講習を受けなければならない。

(2)　危険物の取扱作業に従事している危険物取扱者は、２年に１回保安講習を受講する義務がある。

(3)　危険物保安監督者に選任された危険物取扱者のみが、この講習を受けなければならない。

(4)　講習を受けなければならない危険物取扱者が講習を受けなかった場合でも、免状の返納を命ぜられることはない。

(5)　現に製造所等で危険物の取扱作業に従事していない危険物取扱者は、この講習を受ける義務がない。

問題7　危険物保安監督者についての説明として、次のＡ～Ｅのうち、誤っているものはいくつあるか。

A　危険物取扱者であれば、免状の種類に関係なく、危険物保安監督者に選任することができる。

B　甲種危険物取扱者または乙種危険物取扱者が危険物保安監督者に選任されるためには、製造所等で６カ月以上、危険物取扱いの実務経験がなければならない。

C　危険物保安監督者を選任する権限を有しているのは、市町村長等である。

D　危険物保安監督者は、危険物施設保安員の指示に従って、保安の監督を行わなければならない。

E　製造所、屋外タンク貯蔵所、給油取扱所および移送取扱所は、危険物の種類や数量と関係なく、危険物保安監督者の選任を常に必要とする施設である。

(1)　１つ　　(2)　２つ　　(3)　３つ　　(4)　４つ　　(5)　５つ

問題８　法令上、製造所等における定期点検について、次のうち誤っているものはどれか。

(1)　定期点検は、製造所等の位置、構造および設備が技術上の基準に適合しているかどうかについて行う。

(2)　移動タンク貯蔵所は、定期点検を実施しなければならない。

(3)　地下タンクを有する給油取扱所は、定期点検を実施しなければならない。

(4)　危険物施設保安員は、危険物取扱者の立会いがなければ、定期点検を実施することができない。

(5)　点検記録には点検をした製造所等の名称、点検年月日、点検の方法および結果、点検を行った危険物取扱者等の氏名を記録しなければならない。

問題９　法令上、製造所等の中には、特別な建築物等から一定の距離（保安距離）を保たなければならないものがあるが、その建築物等として、次のうち正しいものはどれか。

(1)　その製造所等と同じ敷地内にある住居

(2)　重要文化財を保管している倉庫

(3)　劇場

(4)　大学

(5)　使用電圧7,000Vの特別高圧埋設電線

問題10　法令上、屋内タンク貯蔵所の位置、構造および設備の技術上の基準として、次のうち誤っているものはどれか。

(1)　屋内タンク貯蔵所は、原則として平屋建の建築物に設けたタンク専用室に設置すること。

(2)　液状危険物の屋内貯蔵タンクを設置するタンク専用室の床は、傾斜をつけないようにすること。

(3)　引火点70℃未満の危険物のタンク専用室には、内部に滞留した可燃性の蒸気を屋根上に排出する設備を設けること。

(4)　タンク専用室の窓や出入口にガラスを用いる場合は、網入りガラスとすること。

(5)　屋内貯蔵タンクの容量は、指定数量の40倍以下（第４石油類および動植物油類を除く第４類危険物を貯蔵する場合は20,000Ｌ以下）とすること。

問題11　法令上、製造所等に設置する消火設備の区分について、次のA～Eのうち正しいものの組合せはどれか。

A　水噴霧消火設備……………………第１種の消火設備

B　スプリンクラー設備……………第２種の消火設備

C　泡を放射する小型消火器………第３種の消火設備

D　屋内消火栓設備……………………第４種の消火設備

E　乾燥砂………………………………第５種の消火設備

(1)　A、B　　(2)　A、C　　(3)　B、D　　(4)　B、E　　(5)　C、E

問題12　法令上、危険物の貯蔵または取扱いについて、次のうち誤っているものはどれか。

(1)　指定数量未満の危険物の貯蔵・取扱いは、各市町村が定める条例によって規制される。

(2)　消防法別表第一に掲げられている類の異なる危険物は、原則として、同一の貯蔵所（耐火構造の隔壁で完全に区分された室が２以上ある貯蔵所では、同一の室）に貯蔵してはならない。

(3)　移動貯蔵タンクから、危険物を貯蔵または取り扱うタンクに、引火点40℃未満の危険物を注入するときは、移動タンク貯蔵所の原動機を停止させなければならない。

(4)　屋外タンク貯蔵所の防油堤の水抜口の弁は、滞水するのを防ぐため、通常開放しておかなければならない。

(5)　給油取扱所で危険物を専用タンクに注入するときは、当該タンクに接続されている固定給油設備の使用を中止しなければならない。

問題13　法令上、危険物を運搬する場合の技術上の基準について、次のうち正しいものはどれか。

(1)　運搬容器やその積載方法についての基準はあるが、運搬方法についての基準は定められていない。

(2)　類を異にする危険物を混載して運搬することは、一切禁じられている。

(3)　危険物を運搬するときは、危険物取扱者が車両に乗車しなければならない。

(4)　指定数量以上の危険物を運搬する場合は、あらかじめ市町村長等に届け出なければならない。

(5)　指定数量以上の危険物を運搬する場合は、運搬する危険物に適応する消火設備を備え付けなければならない。

問題14　法令上、移動タンク貯蔵所による危険物の貯蔵、取扱いおよび移送について誤っているものはどれか。

(1)　移動タンク貯蔵所は、屋外の防火上安全な場所、または壁、床、はりおよび屋根を耐火構造とし、もしくは不燃材料で造った建築物の1階に常置すること。
(2)　移動貯蔵タンクの容量は、20,000 L以下とすること。
(3)　完成検査済証その他の定められた書類は、常に車両に備え付けておくこと。
(4)　移動タンク貯蔵所に乗車する危険物取扱者は、免状を携帯すること。
(5)　危険物を移送する者は、移動タンク貯蔵所を休憩または故障等のために一時停止させる場合は、安全な場所を選ぶこと。

問題15　法令上、製造所等の所有者等に対して、市町村長等が設置許可の取消しを命じることができる事由に該当しないものは、次のうちどれか。

(1)　危険物保安監督者を選任すべき製造所等における危険物保安監督者の未選任
(2)　完成検査前の製造所等の使用
(3)　定期点検が義務付けられている製造所等における定期点検の未実施
(4)　製造所等の位置、構造または設備の無許可変更
(5)　製造所等の位置、構造または設備の基準適合命令違反

■基礎的な物理学および基礎的な化学

問題16　可燃性液体の通常の燃焼について、次のうち正しいものはどれか。

(1)　高温になった可燃性液体と空気が混合して燃焼する。
(2)　加熱による熱分解によって生じた可燃性ガスが燃焼する。
(3)　可燃性液体の表面から発生した可燃性蒸気が空気と混合して、燃焼する。
(4)　可燃性液体の内部から燃焼する。
(5)　高温になった可燃性液体の液面が空気と触れることで燃焼する。

問題17　燃焼に関する説明として、次のうち誤っているものはどれか。

(1)　物質の燃焼には、可燃物、酸素供給源、火源（熱源）の三要素が必要である。
(2)　酸素供給源は、空気だけとは限らない。
(3)　酸素そのものは可燃物ではない。
(4)　空気量が少ないと、発生するすすの量が多くなる。
(5)　二酸化炭素は可燃物である。

問題18　静電気に関する説明として、次のうち誤っているものはどれか。

(1)　加圧された液体がノズルや亀裂等、断面積の小さな開口部から噴出するときに、静電気を発生しやすい。

(2)　液体相互または液体と粉体等とが混合・攪拌されたときに、静電気を発生しやすい。

(3)　静電気の蓄積を防止するためには、タンクなどの電気絶縁性を高くするとよい。

(4)　伝導率の低い液体が配管を流れるときに、静電気を発生しやすい。

(5)　静電気は、人体にも帯電する。

問題19　次のA ～ Eのうち、化学変化であるものはいくつあるか。

A　プロパンが燃焼して、二酸化炭素と水が生じた。

B　固体が空気中の湿気を吸ってべとついた。

C　氷が解けて水になった。

D　ドライアイスが昇華した。

E　水素と酸素とが反応して、水ができた。

(1)　1つ　　(2)　2つ　　(3)　3つ　　(4)　4つ　　(5)　5つ

問題20　次のうち、酸化反応でないものはどれか。

(1)　ドライアイスが、周囲から熱を奪って気体の二酸化炭素になる。

(2)　鉄が錆びて、ぼろぼろになる。

(3)　ガソリンが燃焼して、二酸化炭素と水蒸気になる。

(4)　化合物が水素を奪われる。

(5)　炭素が不完全燃焼して、一酸化炭素になる。

問題21　燃焼の難易と直接関係のないものは、次のうちどれか。

(1)　空気との接触面積

(2)　熱伝導率

(3)　体膨張率

(4)　発熱量

(5)　含水量

問題22　アセトンが完全燃焼するときの化学反応式（燃焼式）は、次の通りである。

$CH_3COCH_3+4O_2 \rightarrow 3CO_2+3H_2O$

０℃、１気圧（1,013×10^5Pa）においてアセトン5.8gが完全燃焼するものと仮定した必要空気量として、次のうち最も近いものはどれか。ただし、空気中に占める酸素の体積の割合は20%とし、原子量は、C＝12、H＝１、O＝16とする。

(1)　9 L
(2)　18 L
(3)　36 L
(4)　45 L
(5)　90 L

問題23　有機化合物の一般的な性状について、次のＡ～Ｄのうち正しいもののみを掲げているものはどれか。

A　水に溶けにくいものが多い。
B　無機化合物と比べて融点や沸点が高い。
C　主な構成元素は、炭素、水素、酸素であり、ほかに窒素、硫黄などがある。
D　不燃性である。

(1)　A　B
(2)　A　C
(3)　A　B　C
(4)　A　B　D
(5)　B　C　D

問題24　引火点について、次のうち誤っているものはどれか。

(1)　可燃物を空気中で加熱したとき、他から点火されなくても、自ら発火する最低の温度のことをいう。
(2)　引火点は、物質によって異なる値を示す。
(3)　液温が引火点より低いときは、燃焼に必要な可燃性蒸気が発生していない。
(4)　引火性の液体が、燃焼範囲の下限値の蒸気を発生するときの液温を、引火点という。
(5)　可燃性液体の温度が引火点より高いときは、火源により引火する危険がある。

問題25　消火薬剤および消火器についての説明として、次のうち誤っているものはどれか。

(1)　強化液消火剤は、炭酸カリウムの水溶液であり、冷却効果のほか、霧状に放射すると抑制効果もある。

(2)　ハロゲン化物は、メタン等の炭化水素の水素原子を、ふっ素等のハロゲン元素と置き換えたものである。

(3)　泡消火器は、油火災に適応する。

(4)　水を霧状に放射する消火器は、油火災にも電気火災にも適応する。

(5)　粉末消火器は、炭酸水素カリウム、りん酸アンモニウム等を主成分としており、電気設備の火災に適応する。

■危険物の性質ならびにその火災予防および消火の方法

問題26　第１類から第６類の危険物の性状について、次のうち誤っているものはどれか。

(1)　危険物には、単体、化合物および混合物の３種類がある。

(2)　常温（20℃）において、気体、液体および固体のものがある。

(3)　自分自身は不燃性で、他の物質を酸化させるものがある。

(4)　水と接触すると、発火したり可燃性ガスを発生したりするものがある。

(5)　分子構造中に酸素を含み、他から酸素を供給されなくても、自分自身が燃焼するものがある。

問題27　第４類の危険物の一般的性状として、次のうち誤っているものはどれか。

(1)　常温（20℃）で、または加熱することにより、点火源を与えると引火する。

(2)　引火点の低いものほど、危険性が高い。

(3)　水に溶けにくいものが多い。

(4)　蒸気は空気より軽く、空気中で拡散しやすい。

(5)　一般に電気の不良導体であり、静電気が蓄積されやすい。

問題28　第４類の危険物の一般的な消火の方法として、次のうち誤っているものはどれか。

(1)　引火点が低いので、注水による冷却消火が効果的である。
(2)　窒息消火は、効果的である。
(3)　二酸化炭素消火剤は、効果的である。
(4)　強化液消火剤は、霧状放射にすれば効果的である。
(5)　粉末消火剤は、効果的である。

問題29　次の文の（　　）内のＡ～Ｄに当てはまる語句の組合せとして、正しいものはどれか。

「第４類危険物を貯蔵しまたは取り扱う場合は、炎、火気または（　Ａ　）との接近を避けるとともに、（　Ｂ　）の換気や通風を十分に行い、発生した蒸気を（　Ｃ　）に排出する設備を必要とする。また、第４類の危険物を収納した容器は（　Ｄ　）、直射日光を避けて冷暗所に貯蔵する。」

	A	B	C	D
(1)	可燃物	低所	高所	通気孔を設け
(2)	水分	高所	低所	通気孔を設け
(3)	高温体	低所	高所	密栓し
(4)	可燃物	高所	低所	密栓し
(5)	高温体	高所	低所	密栓し

問題30　二硫化炭素の性状等について、次のうち誤っているものはどれか。

(1)　液比重が１より大きく、水より重い。
(2)　発火点が他の危険物と比べて低く、100℃未満である。
(3)　燃焼範囲が広く、その下限値が低い。
(4)　蒸気には毒性があり、しかも空気より軽いため拡散しやすい。
(5)　燃焼すると、有毒な亜硫酸ガス（二酸化硫黄）を生じる。

問題31　ガソリンの一般的な性状として、次のうち正しいものはどれか。

⑴　液比重は、１よりも小さい。

⑵　蒸気比重は、２よりも小さい。

⑶　引火点は、－30℃よりも高い。

⑷　発火点は、引火点よりも低い。

⑸　メタンなどの天然ガスが水に溶け込んだものである。

問題32　メタノールの性状として、次のうち誤っているものはどれか。

⑴　水によく溶ける。

⑵　燃焼範囲は、エタノールより広い。

⑶　常温（20℃）では、引火の危険性はない。

⑷　沸点は、エタノールより低い。

⑸　無色透明の、芳香のある液体である。

問題33　灯油と軽油に関する記述として、次のＡ～Ｅのうち、正しいものはいくつあるか。

Ａ　どちらも第１石油類である。

Ｂ　灯油は石油製品であるが、軽油は植物油の一種である。

Ｃ　どちらも電気の不導体であり、流動により静電気が発生しやすい。

Ｄ　どちらも本来は無色であるが、軽油はオレンジ色に着色してある。

Ｅ　灯油には特有の石油臭があるが、軽油にはない。

⑴　１つ　　⑵　２つ　　⑶　３つ　　⑷　４つ　　⑸　５つ

問題34　動植物油類の性状として、次のうち誤っているものはどれか。

⑴　引火点以上に加熱すると、火花等で引火する危険性がある。

⑵　引火点は300℃程度である。

⑶　燃えているときは液温が非常に高くなっているため、注水すると危険である。

⑷　淡黄色の液体である。

⑸　乾性油は、ぼろ布等に染み込ませて積み重ねておくと、自然発火を起こすことがある。

問題35　次の事故事例を教訓とした今後の対策として、次のうち誤っているものはどれか。

「移動貯蔵タンクから給油取扱所の地下専用タンクにガソリンを注入する際、誤って他のタンクの注入口に注油ホースを結合したため、地下専用タンクの計量口からガソリンが噴出した」

(1) 荷卸しは、受入れ側・荷卸し側の双方の危険物取扱者の立会いのもとで、誤りがないことを確認した上で行う。

(2) 注入開始前に移動貯蔵タンクの油量（荷卸量）と地下貯蔵タンクの油量（残油量）を確認する。

(3) 注油ホースを結合する注入口に誤りがないか確認する。

(4) 地下専用タンクの計量口は、注入中は開放し、常時ガソリンの注入量を確認する。

(5) 地下専用タンクの注入管に、過剰注入防止装置を設置する。

予想模擬試験　第2回

■危険物に関する法令

問題1　法別表第一に掲げる第4類の危険物の品名と、それに該当する物品名の組合せとして、次のうち誤っているものはどれか。

	品名	物品名
(1)	特殊引火物	アセトアルデヒド
(2)	第1石油類	アセトン
(3)	アルコール類	トルエン
(4)	第2石油類	酢酸
(5)	第3石油類	グリセリン

問題2　法令上、危険物取扱者についての記述として、次のうち誤っているものはどれか。

(1)　丙種危険物取扱者は、製造所等において、危険物取扱者以外の者の危険物取扱作業に際し、立ち会うことができない。

(2)　丙種危険物取扱者は、製造所等において、危険物取扱者以外の者の定期点検作業に際し、立ち会うことができる。

(3)　製造所等において、丙種危険物取扱者を危険物施設保安員に選任することはできない。

(4)　乙種危険物取扱者が、製造所等において、危険物取扱者以外の者の危険物取扱作業に立ち会うことができるのは、当該危険物が免状に記載された類のものである場合に限られる。

(5)　甲種または乙種危険物取扱者が、危険物保安監督者に選任されるには、製造所等において6カ月以上、危険物取扱いの実務経験を有している必要がある。

問題3　現在、軽油2,000Lと、重油4,000Lを貯蔵している。これと同一の場所に次の危険物を貯蔵した場合、指定数量の倍数が10になるものはどれか。

(1)　二硫化炭素　300L
(2)　ガソリン　800L
(3)　重油　6,000L
(4)　エタノール　2,000L
(5)　ギヤー油　6,000L

問題4　製造所等の位置、構造または設備を変更する場合、変更工事に着工することができる時期として、次のうち正しいものはどれか。

(1)　変更の許可を市町村長等に申請すれば、いつでも着工することができる。
(2)　変更工事が、位置、構造および設備の基準に適合していれば、いつでも着工することができる。
(3)　変更許可の申請後、2週間が経過した後は、いつでも着工できる。
(4)　変更の許可を市町村長等から受けるまでは、着工することができない。
(5)　市町村長等から仮使用の承認を受けた後は、いつでも着工できる。

問題5　法令上、次の文の（　　）内のA～Cに当てはまる語句の組合せとして、正しいものはどれか。

「製造所等の位置、構造または設備を変更することなく、貯蔵または取り扱う危険物の（　A　）、数量または指定数量の倍数を変更する場合は、（　B　）、その旨を（　C　）に届け出なければならない。」

	A	B	C
(1)	品名	変更しようとする日の10日前までに	市町村長等
(2)	物品名	遅滞なく	消防長または消防署長
(3)	物品名	変更した日から7日以内に	消防長または消防署長
(4)	品名	遅滞なく	市町村長等
(5)	品名	変更しようとする日の10日前までに	消防長または消防署長

問題6　法令上、消火設備の区分として、次のA～Eのうち正しいものはいくつあるか。

A　屋内消火栓設備……………………………第1種消火設備
B　水噴霧消火設備……………………………第2種消火設備
C　泡消火設備…………………………………第3種消火設備
D　消火粉末を放射する小型消火器………第4種消火設備
E　膨張ひる石…………………………………第5種消火設備

(1)　1つ　(2)　2つ　(3)　3つ　(4)　4つ　(5)　5つ

問題7　法令上、危険物の取扱作業の保安に関する講習（以下「講習」という。）の受講時期を過ぎている危険物取扱者は、次のうちどれか。

(1)　現在も免状の交付を受けていないが、2年前から実際に危険物取扱作業に従事している者。
(2)　3年前に免状の交付を受けたが、危険物取扱作業に従事したことがない者。
(3)　4年前に免状の交付を受け、その後は危険物取扱作業に従事していなかったが、1年8カ月前から危険物取扱作業に従事している者。
(4)　1年6カ月前に講習を受け、その後は危険物取扱作業に従事していなかったが、2カ月前から危険物取扱作業に従事している者。
(5)　2年前に免状の交付を受け、その後は危険物取扱作業に従事していなかったが、4カ月前から危険物取扱作業に従事している者。

問題8　法令上、製造所等の定期点検について、次のうち正しいものはどれか。ただし、規則で定める漏れの点検および固定式の泡消火設備に関する点検を除く。

(1)　定期点検は、3年に1回行う。
(2)　定期点検の記録は、危険物保安監督者が作成し、2年間保存する。
(3)　危険物保安統括管理者を選任している製造所等では、定期点検が免除される。
(4)　移動タンク貯蔵所は、定期点検を実施する義務はない。
(5)　地下タンクを有する一般取扱所は、定期点検の実施対象である。

問題9　法令上、危険物を取り扱う建築物の周囲に、一定の幅の空地（保有空地）を設けなければならない製造所等のみを掲げた組合せとして、次のうち正しいものはどれか。

(1)　製造所　　屋外タンク貯蔵所　　給油取扱所
(2)　屋内貯蔵所　　一般取扱所　　屋外に設ける簡易タンク貯蔵所
(3)　地下タンク貯蔵所　　移動タンク貯蔵所　　地上に設ける移送取扱所
(4)　屋内タンク貯蔵所　　屋外に設ける簡易タンク貯蔵所　　販売取扱所
(5)　給油取扱所　　地上に設ける移送取扱所　　製造所

問題10　給油取扱所の位置、構造および設備の基準として、給油取扱所に設置することができない建築物等の用途は、次のうちどれか。

(1)　給油または灯油もしくは軽油の詰替えを行うために、給油取扱所に出入りする者を対象とした遊技場。
(2)　給油取扱所の所有者、管理者または占有者が居住する住居。
(3)　自動車等の点検、整備または洗浄を行う作業場。
(4)　給油または灯油もしくは軽油の詰替えを行うために、給油取扱所に出入りする者を対象とした飲食店。
(5)　給油取扱所の業務を行うための事務所。

問題11　法令上、危険物保安監督者についての記述として、次のうち誤っているものはどれか。

(1)　危険物保安監督者を選任するのは、製造所等の所有者等である。
(2)　丙種危険物取扱者が取り扱える危険物のみを貯蔵し、または取り扱う製造所等であれば、丙種危険物取扱者を危険物保安監督者に選任することができる。
(3)　危険物保安監督者を選任または解任したときは、遅滞なく、その旨を市町村長等に届け出なければならない。
(4)　給油取扱所は、危険物の品名、数量等にかかわらず、危険物保安監督者を選任しなければならない施設である。
(5)　製造所等の位置、構造または設備の変更その他法に定める諸手続きに関する業務は行わない。

問題12　法令上、危険物の貯蔵の技術上の基準として、次のうち誤っているものはどれか。

(1)　危険物の貯蔵所には、原則として危険物以外の物品を貯蔵しないこと。

(2)　屋外貯蔵タンク、屋内貯蔵タンクまたは地下貯蔵タンクの元弁は、危険物を出し入れするとき以外は閉鎖しておくこと。

(3)　移動貯蔵タンクには、当該タンクに貯蔵し、または取り扱う危険物の類、品名および最大数量を表示すること。

(4)　移動タンク貯蔵所には、「完成検査済証」「定期点検記録」「危険物貯蔵所譲渡・引渡しの届出書」「危険物の品名、数量または指定数量の倍数の変更届出書」を備え付けておくこと。

(5)　屋内貯蔵所では、容器に収納して貯蔵する危険物の温度が70℃を超えないように、必要な措置を講じること。

問題13　法令上、危険物の運搬容器の外部には、原則として、規則で定める表示をしなければならないが、その表示事項として定められていないものは、次のうちどれか。

(1)　危険物の数量

(2)　危険物の品名、危険等級および化学名

(3)　第４類の危険物のうち、水溶性のものについては「水溶性」

(4)　収納する危険物に応じた注意事項

(5)　収納する危険物に適応する消火方法

問題14　法令上、移動タンク貯蔵所による危険物の移送に関する記述として、次のうち正しいものはどれか。

(1)　移送を行う10日前までに、市町村長等へ届け出ておかなければならない。

(2)　移動タンク貯蔵所に乗車中の危険物取扱者の免状は、常置場所のある事務所に保管しておかなければならない。

(3)　移動タンク貯蔵所で危険物を移送するときは、消防吏員または警察官が火災予防のため特に必要と認める場合であっても、移動タンク貯蔵所を停止させて免状の提示を求めることはできない。

(4)　丙種危険物取扱者は、移動タンク貯蔵所でガソリンを移送することができる。

(5)　底弁、マンホールおよび注入口のふた等の点検は、１カ月に１回以上行わなければならない。

問題15　法令上、製造所等の所有者等に対して、製造所等の使用停止を命じることができる事由に該当しないものは、次のうちどれか。

(1)　移動タンク貯蔵所の危険物取扱者が、危険物の取扱作業の保安に関する講習を受講しなかった。
(2)　製造所の構造および設備を無許可で変更した。
(3)　完成検査を受けないで、屋内タンク貯蔵所を使用した。
(4)　地下タンク貯蔵所の定期点検を、規定の期間内に行わなかった。
(5)　給油取扱所において、貯蔵または取扱いの基準遵守命令に対する違反があった。

■基礎的な物理学および基礎的な化学

問題16　沸点と蒸気圧に関する説明として、次のうち誤っているものはどれか。

(1)　沸点とは、液体の蒸気圧と外気圧が等しくなり、沸騰がはじまる温度である。
(2)　沸騰とは、液面だけでなく、液体内部からも気化が激しく起こることをいう。
(3)　沸点は、一般に分子間力の大きい物質ほど大きい。
(4)　液温が上がると、蒸気圧は高くなる。
(5)　沸点は、加圧すると低くなり、減圧すると高くなる。

問題17　次の文の（　　）内のA～Dに当てはまる語句の組合せとして、正しいものはどれか。

「熱伝導とは、熱が高温部から低温部へと次々に伝わっていく現象をいう。一般に可燃性固体においては、熱の伝わりやすさ（熱伝導率）が燃焼の持続に大きな影響を及ぼす。熱伝導率の（　A　）物質は熱の移動が速いので、熱が蓄積せず、物質の温度が上がりにくいため燃焼しにくい。これに対し、熱伝導率の（　B　）物質は燃焼しやすい。しかし、熱伝導率が（　C　）物質であっても、粉末状にするとよく燃焼する。これは見かけ上の熱伝導率が（　D　）なるためである。」

	A	B	C	D
(1)	大きい	小さい	小さい	小さく
(2)	小さい	大きい	小さい	大きく
(3)	大きい	小さい	小さい	大きく
(4)	大きい	小さい	大きい	小さく
(5)	小さい	大きい	大きい	小さく

問題18　静電気に関する記述として、次のうち正しいものはどれか。

⑴　一般に２つの物体をこすり合わせると、それらの物体は電気を帯びる。

⑵　物体が帯びている電気またはその量のことを、磁気量という。

⑶　電荷には正電荷と負電荷の２種類があり、同種の電荷は引き合い、異種の電荷は反発し合う。

⑷　２つの物体を摩擦すると、電子の移動が起こり、一方の物体は電子を得て正に帯電し、他方は電子を失って負に帯電する。

⑸　物体間で電荷のやり取りがあると、電気量の総和は大きく変化する。

問題19　一酸化炭素5.6gが完全燃焼するときの酸素量は、標準状態（0℃１気圧）で何Ｌか。ただし、標準状態１molの気体の体積は22.4Ｌ、原子量はＣ＝12、Ｏ＝16とする。

⑴　1.12 L

⑵　2.24 L

⑶　4.48 L

⑷　8.96 L

⑸　11.2 L

問題20　次の文中の（　　）内のＡ～Ｃに当てはまる語句の組合せとして、正しいものはどれか。

「金属が水溶液中で（　Ａ　）になろうとする（錆びやすい・溶けやすい）性質をイオン化傾向という。流電陽極法はこの性質を利用した金属の腐食防止方法の１つで、イオン化傾向の（　Ｂ　）金属を先に溶けさせることで本体の腐食を防止する。例えば鉄を本体とする場合には、主に（　Ｃ　）が用いられる」

	A	B	C
⑴	陰イオン	小さい	水銀
⑵	陽イオン	大きい	アルミニウム
⑶	陽イオン	小さい	銅
⑷	陰イオン	大きい	アルミニウム
⑸	陽イオン	大きい	銅

問題21　次の文の（　　）内のA～Cに当てはまる語句の組合せとして、正しいものはどれか。

「炭素が完全燃焼すると（　A　）が生じるが、不完全燃焼の場合には（　B　）が発生する。また、炭素と水素の化合物である炭化水素が完全燃焼すると（　A　）のほかに、（　C　）が発生する。」

	A	B	C
⑴	二酸化炭素	一酸化炭素	水蒸気
⑵	一酸化炭素	二酸化炭素	水素
⑶	水素	二酸化炭素	炭素
⑷	二酸化炭素	一酸化炭素	炭素
⑸	一酸化炭素	二酸化炭素	水蒸気

問題22　粉じん爆発について、次のうち誤っているものはどれか。

⑴　可燃性固体の微粉が、閉鎖的な空間に浮遊しているときに、何らかの火源によって爆発することを、粉じん爆発という。

⑵　可燃性粉じんは空気中に漂い、酸素分子との均一な混合は不可能なので、不完全燃焼になりやすい。

⑶　可燃性粉じんと空気との混合気は、可燃性ガスと空気との混合気に比べて比重が大きいため、爆発時の熱量が大きくなる。

⑷　粉じんの粒子が大きいほど、爆発の危険性が増す。

⑸　可燃性粉じんは、気体と比べて、静電気が発生しやすい。

問題23　次の液体危険物の説明として、誤っているものはどれか。

引火点４℃　　　　発火点480℃
沸点111℃　　　　燃焼範囲1.1～7.1vol%
蒸気比重3.1

⑴　111℃まで加熱すると沸騰する。

⑵　この液体の蒸気は、空気の3.1倍の重さである。

⑶　480℃以上に加熱すると、点火源がなくても発火する。

⑷　液温が４℃のとき、液体表面には1.1vol%の濃度の蒸気が発生する。

⑸　この液体の蒸気を２vol%含んでいる空気との混合気体は、蒸気の濃度が低すぎるため、点火源を与えても引火しない。

第2回

問題24　消火の方法に関する説明として、次のうち誤っているものはどれか。

(1)　除去消火とは、燃焼している可燃物を取り除くことによって消火する方法であり、山火事における木の伐採などもこれに当たる。

(2)　除去消火として、ガスコンロの元栓を閉めて火を消し止める場合もこれに該当する。

(3)　窒息消火とは、酸素の供給を断つことによって消火する方法であり、燃焼している少量のガソリンを砂で覆う場合などが考えられる。

(4)　窒息消火として、燃焼中の木材に注水して消火する場合もこれに該当する。

(5)　抑制消火とは、ハロゲン化物や粉末等の消火剤によって、化学的に燃焼を抑制する消火方法をいう。

問題25　消火剤の説明として、次のうち誤っているものはどれか。

(1)　強化液消火剤は、凝固点が－20℃以下なので、寒冷地でも使用できる。

(2)　水消火剤は、比熱と蒸発熱が大きいため、冷却効果がある。

(3)　二酸化炭素消火剤は、電気絶縁性に優れているため、電気火災に適している。

(4)　ハロゲン化物消火剤は、燃焼反応を抑制する効果がある。

(5)　粉末消火剤は、粉末の粒径が大きいものほど消火作用が大きい。

■危険物の性質ならびにその火災予防および消火の方法

問題26　危険物の類ごとの性状として、次のうち正しいものはどれか。

(1)　第１類の危険物は、還元性を有する不燃性の固体である。

(2)　第２類の危険物は、還元されやすい固体である。

(3)　第３類の危険物は、不燃性の固体または液体である。

(4)　第５類の危険物は、酸化性の固体または液体である。

(5)　第６類の危険物は、酸化性の液体である。

問題27　第４類の危険物の一般的性状として、次のうち正しいものはどれか。

(1)　すべて可燃性である。

(2)　すべて常温（20℃）以上に温めると水溶性となる。

(3)　すべて発火点は100℃以下である。

(4)　すべて炭素、水素、酸素を含む。

(5)　すべて液比重は１よりも小さい。

問題28　第４類の危険物の貯蔵・取扱いの一般的注意事項として、次のうち正しいものはどれか。

(1)　配管で送油するときは、静電気が発生しないよう、なるべく流速を遅くする。
(2)　危険物が万一流出した場合は、多量の水で薄める。
(3)　容器に収納するときは、蒸気の発生を防ぐため、空間を残さないように詰める。
(4)　危険物が収納されていた空の容器は、ふたを外し、密閉された室内で保管する。
(5)　容器に詰め替えるときは、蒸気が多量に発生するので、床にくぼみをつくり、蒸気が拡散しないようにする。

問題29　第４類の危険物の消火方法として、次のうち適切でないものはどれか。

(1)　潤滑油の火災に、ハロゲン化物消火剤を使用する。
(2)　動植物油の火災に、二酸化炭素消火剤を使用する。
(3)　重油の火災に、泡消火剤を使用する。
(4)　灯油の火災に、粉末（りん酸アンモニウム）消火剤を使用する。
(5)　ガソリンの火災に、強化液（棒状放射）を使用する。

問題30　ガソリンの一般的性状として、次のＡ～Ｅのうち正しいもののみを組み合わせたものはどれか。

A　蒸気は、空気よりも重い。
B　燃焼範囲は、1.1 ～ 6.0vol%である。
C　引火点が低く、真冬の屋外でも引火の危険性がある。
D　電気の不導体であり、静電気を発生しやすい。
E　沸点まで加熱すると発火する。

(1)　A　B　E　　(2)　A　C　D　　(3)　A　C　E
(4)　B　C　D　　(5)　B　D　E

問題31　ベンゼンとトルエンの性状として、次のうち誤っているものはどれか。

(1)　どちらにも特有の臭気がある。
(2)　どちらも無色透明の液体で、水に溶けない。
(3)　どちらも引火点が常温（20℃）より高い。
(4)　どちらも蒸気に毒性がある。
(5)　どちらも有機溶剤には溶ける。

問題32　酢酸の性状について、次のうち誤っているものはどれか。

(1)　無色透明で刺激臭がある。

(2)　水溶液は腐食性がある。

(3)　水や有機溶剤に溶ける。

(4)　引火点は20℃以下である。

(5)　青い炎を上げて燃える。

問題33　重油の性状として、次のうち誤っているものはどれか。

(1)　一般に水より重い。

(2)　C重油の引火点は70℃以上である。

(3)　褐色または暗褐色の粘性のある液体である。

(4)　特有の臭気がある。

(5)　水に溶けない。

問題34　動植物油類の性状として、次のA～Eのうち正しいものはいくつあるか。

A　引火点が高いので、常温（20℃）では引火する危険性は少ない。

B　一般に水よりも軽く、水によく溶ける。

C　ぼろ布に染み込ませて積み重ねたまま放置しておくと、自然発火の危険がある。

D　不飽和度の高い不飽和脂肪酸を多く含む油ほど、自然発火の危険性は低い。

E　空気にさらしたとき、乾燥（固化）しやすいものほど自然発火しやすい。

(1)　なし　　(2)　1つ　　(3)　2つ　　(4)　3つ　　(5)　4つ

問題35　二硫化炭素、アセトン、エタノールの性状として、次のうち誤っているものはどれか。

(1)　引火点は、二硫化炭素が最も低い。

(2)　発火点は、アセトンが最も低い。

(3)　沸点は、エタノールが最も高い。

(4)　燃焼範囲は、二硫化炭素が最も広い。

(5)　液比重は、二硫化炭素が最も大きい。

予想模擬試験　第３回

■危険物に関する法令

問題１　消防法別表第一の危険物の説明として、次のうち正しいものはどれか。

(1)　甲種、乙種、丙種の３種類に分類されている。
(2)　常温（20℃）において、固体、液体または気体のものがある。
(3)　第１類から第６類に分類されている。
(4)　類が増すごとに危険性が大きくなっていく。
(5)　特に危険が大きいものは、特類に分類されている。

問題２　法令上、次の文の（　　）内のＡ～Ｄに入る語句の組合せとして、正しいものはどれか。

「（　Ａ　）以上の危険物は、貯蔵所以外の場所でこれを貯蔵し、または製造所、貯蔵所および取扱所以外の場所でこれを取り扱ってはならない。ただし、（　Ｂ　）の承認を受ければ、（　Ａ　）以上の危険物を（　Ｃ　）の期間に限り、（　Ｄ　）または取り扱うことができる。」

	A	B	C	D
(1)	指定数量	所轄消防長または消防署長	1カ月以内	仮に貯蔵し
(2)	100 L	市町村長等	1週間以内	仮に使用し
(3)	指定数量	市町村長等	10日間以内	仮に貯蔵し
(4)	指定数量	所轄消防長または消防署長	10日間以内	仮に貯蔵し
(5)	100 L	都道府県知事	1カ月以内	仮に使用し

問題３　法令上、次のＡ～Ｃの危険物を同一の貯蔵所で貯蔵する場合、指定数量の倍数の合計はいくらになるか。

	指定数量	貯蔵量
A	200 L	100 L
B	400 L	800 L
C	1,000 L	500 L

(1)　1.5倍　　(2)　3.0倍　　(3)　4.5倍　　(4)　6.0倍　　(5)　7.5倍

問題４　法令上、製造所等の仮使用の説明として、次のうち正しいものはどれか。

(1)　製造所等の譲渡を受けた場合に、市町村長等への届出をする前に、当該製造所等を仮に使用すること。

(2)　貯蔵しまたは取り扱う危険物の品名、数量または指定数量の倍数を変更する場合に、市町村長等への届出をする前に、当該危険物を仮に使用すること。

(3)　製造所等の一部を変更する場合に、変更工事に係る部分以外の部分を使用して、10日以内の期間に限り、指定数量以上の危険物を貯蔵すること。

(4)　製造所等を変更する場合に、変更工事に係る部分以外の部分の全部または一部について、市町村長等の承認を受けて、完成検査を受ける前に仮に使用すること。

(5)　製造所等を変更する場合に、変更工事が完了した部分について、市町村長等の許可を受けて、仮に使用すること。

問題５　法令上、危険物取扱者免状について、次のうち誤っているものはどれか。

(1)　免状の書換えは、免状を交付した知事または居住地もしくは勤務地を管轄する都道府県知事に申請できる。

(2)　免状の再交付を受けたあとで亡失した免状を発見した場合は、10日以内に免状を再交付した都道府県知事に提出しなければならない。

(3)　危険物を移送するため、移動タンク貯蔵所に乗車する場合は、免状を携帯しなければならない。

(4)　住所が変更になったときは、速やかに免状の書換えを申請する。

(5)　免状の再交付の申請は、免状を交付した都道府県知事または免状を書き換えた都道府県知事に申請する。

問題６　法令上、製造所等において、危険物取扱者以外の者が危険物を取り扱う場合について、次のうち正しいものどれか。

(1)　甲種危険物取扱者が立ち会えば、すべての類の危険物を取り扱うことができる。

(2)　危険物施設保安員が立ち会えば、危険物の取扱いができる。

(3)　製造所等の所有者、管理者または占有者が立ち会えば、危険物取扱者の立会いがなくても危険物の取扱いができる。

(4)　危険物保安監督者を置く製造所等であれば、危険物取扱者の立会いがなくても危険物の取扱いができる。

(5)　危険物保安監督者を置く製造所等では、丙種危険物取扱者の立会いであっても危険物の取扱いができる。

問題7　法令上、危険物の保安管理について、次のうち正しいものはどれか。

(1)　丙種危険物取扱者は、危険物施設保安員になることができない。

(2)　危険物施設保安員になるには、製造所等において、6カ月以上の危険物取扱いの実務経験が必要である。

(3)　危険物保安統括管理者は、危険物取扱者でなくてもよいが、6カ月以上の危険物取扱いの実務経験が必要である。

(4)　危険物保安統括管理者は、免状の交付を受けていなくても、製造所等において、危険物取扱者の立会いなしに危険物を取り扱うことができる。

(5)　危険物保安監督者は、危険物施設保安員を置かない製造所等にあっては、危険物施設保安員の業務も行うこととされている。

問題8　法令上、予防規程に関する記述として、次のうち誤っているものはどれか。

(1)　予防規程は、製造所等における自主保安基準としての意義を有するものであり、当該製造所等の所有者等が定めるものとされている。

(2)　製造所は指定数量の倍数が10以上、屋内貯蔵所は指定数量の倍数が150以上、給油取扱所は指定数量と関係なく、予防規程の作成が義務付けられている。

(3)　製造所等の所有者等およびその従業員は、危険物取扱者でない者であっても、予防規程を守らなければならない。

(4)　予防規程には、製造所等の位置、構造および設備を明示した書類および図面の整備に関することを定めなければならない。

(5)　市町村長等は、予防規程の認可を行うが、変更を命じることはできない。

問題9　法令上、移動タンク貯蔵所の位置、構造および設備の技術上の基準について、次のうち誤っているものはどれか。

(1)　移動タンク貯蔵所には、保安距離も保有空地も不要である。

(2)　移動貯蔵タンクの外面には、錆び止めのための塗装をしなければならない。

(3)　第3種または第4種の消火設備を、貯蔵する危険物の倍数に応じて設置すること。

(4)　車両の前後の見やすい箇所に、「危」と表示した標識を設けること。

(5)　排出口に設けられた底弁には、長さ15cm以上のレバーを手前に引き倒すことによって作動させる手動閉鎖装置を設けること。

第3回

問題10　法令上、標識および掲示板についての記述として、次のうち誤っているものはどれか。

⑴　「火気厳禁」の掲示板を掲げている貯蔵所は、第４類または第５類の危険物のみを貯蔵しているものである。

⑵　「火気厳禁」または「火気注意」を示す掲示板は、地色が赤色である。

⑶　「禁水」の掲示板を掲げている貯蔵所は、第１類アルカリ金属の過酸化物または第３類禁水性物品等を貯蔵しているものである。

⑷　「禁水」を示す掲示板は、地色が青色である。

⑸　移動タンク貯蔵所以外の車両によって指定数量以上の危険物を運搬する場合、車両の前後の見やすい箇所に、「危」と表示した標識を掲げなければならない。

問題11　法令上、製造所等の定期点検について、次のうち正しいものはどれか。ただし、規則で定める漏れの点検および固定式の泡消火設備に関する点検を除く。

⑴　すべての製造所等が、定期点検の実施対象とされている。

⑵　危険物取扱者以外の者は、定期点検を行うことができない。

⑶　定期点検は、製造所等に対して、市町村長等が定期的に実施するものである。

⑷　指定数量の倍数が10未満の移動タンク貯蔵所も、定期点検を行わなくてはならない。

⑸　指定数量の倍数が10未満の製造所等も、定期点検を行わなくてはならない。

問題12　法令上、次のA～Eのうち、給油取扱所における危険物の取扱いの基準に適合しているものの組合せはどれか。

A　自動車のエンジンをかけたままで給油を求められたが、エンジンを停止させてから給油を行った。

B　手動ポンプによって、鋼製ドラム缶から原動機付自転車にガソリンを給油した。

C　移動タンク貯蔵所から地下専用タンクに注油しているとき、当該タンクに接続している固定給油設備によって自動車に給油することになったため、給油ノズルの吐出量を抑えて給油を行った。

D　油分離装置に廃油が溜まっていたので、下水に流した。

E　自動車を洗浄するとき、非引火性液体の洗剤を使用した。

⑴　A　C　　⑵　A　E　　⑶　B　D　　⑷　B　E　　⑸　C　D

問題13　法令上、製造所等に設置する消火設備の区分について、次のうち第５種の消火設備に該当するものはどれか。

(1)　強化液を放射する小型の消火器

(2)　不活性ガス消火設備

(3)　屋外消火栓設備

(4)　ハロゲン化物消火剤を放射する大型の消火器

(5)　スプリンクラー設備

問題14　法令上、危険物の運搬の基準についての記述として、次のうち誤っているものはどれか。

(1)　第４類の危険物と第３類の危険物は、数量と関係なく混載することができる。

(2)　運搬する際は、危険物を収納した運搬容器が著しい摩擦または動揺を起こさないようにしなければならない。

(3)　運搬容器は、その外部に危険物の品名、危険等級、化学名、数量等定められた表示をして積載しなければならない。

(4)　運搬容器の外部には、収納する危険物の消火方法も表示しなければならない。

(5)　指定数量以上の危険物を運搬する場合は、標識を掲げるとともに、当該危険物に適応した消火設備を備えなければならない。

問題15　法令上、市町村長等から発令される命令について、次のうち誤っているものはどれか。

(1)　製造所等において、危険物の貯蔵または取扱いの方法が技術上の基準に違反しているときは、基準に従って貯蔵または取扱いをするよう命じられる。

(2)　無許可で製造所等の位置、構造または設備を変更したときは、これらを修理し、改造し、または移転することを命じられる。

(3)　製造所等の設置許可を受けたが、完成検査を受けないで当該製造所等を使用した場合は、製造所等の設置許可の取消しまたは使用停止を命じられる。

(4)　危険物保安監督者が消防法令に違反しているときは、製造所等の所有者等に対し、この危険物保安監督者の解任が命じられる。

(5)　無許可で指定数量以上の危険物を貯蔵または取り扱っている者に対しては、危険物の除去など災害防止のために必要な措置が命じられる。

■基礎的な物理学および基礎的な化学

問題16　次の文の（　　）内のA～Dに当てはまる語句の組合せとして、正しいものはどれか。

「液体の内部から蒸発が起こる現象を（　A　）という。この現象が起こるためには、液体の蒸気圧が液面にかかる（　B　）以上の大きさにならなければならない。液体の蒸気圧の大きさは（　C　）の値まで上昇するが、（　C　）は液温の上昇に伴って増大するため、液体を加熱していくと、やがて液体の蒸気圧が（　B　）と等しくなり、（　A　）がはじまる。このときの液温を（　D　）という。」

	A	B	C	D
(1)	沸騰	外圧	飽和蒸気圧	沸点
(2)	気化	重力	飽和蒸気圧	融点
(3)	昇華	重力	大気圧	引火点
(4)	沸騰	外圧	大気圧	沸点
(5)	気化	外圧	飽和蒸気圧	引火点

問題17　熱に関する一般的な説明として、次のうち誤っているものはどれか。

(1)　熱伝導率の大きい物質は、熱を伝えやすい。

(2)　K（ケルビン）とは絶対温度の単位であり、温度が1℃上昇するごとに絶対温度も1Kずつ上昇する。

(3)　比熱とは、物質1gの温度を1℃（または1K）上昇させるのに必要な熱量のことである。

(4)　比熱の大きい物質は、温まりやすく冷めやすい。

(5)　体膨張率は、固体が最も小さく、気体が最も大きい。

問題18　静電気について、次のA～Dのうち正しいもののみの組合せはどれか。

A　電気絶縁性が高い物質は、静電気を蓄積しにくい。

B　溶解しない粒子と液体を攪拌すると、静電気は攪拌槽の壁面のみで生じる。

C　液体をタンク上部から注入するときには、静電気の発生を少なくするために、ノズルの先端をタンクの底に着ける。

D　液体を配管で移送する際に発生する静電気の量は、液体の流速に比例する。

⑴　A　B　⑵　A　C　⑶　B　C　⑷　B　D　⑸　C　D

問題19　ホースやパッキンなどに使用されている加硫ゴムは、経年変化によって、老化（亀裂、強度の低下など）の現象が生じやすい。これは、次のどの化学反応に主に該当するか。

⑴　脱水

⑵　加水分解

⑶　酸化

⑷　還元

⑸　中和

問題20　酸化剤、還元剤について、次のうち誤っているものはどれか。

⑴　ほかの物質によって酸化される性質を持つもの…………酸化剤

⑵　ほかの物質に酸素を与える性質を持つもの………………酸化剤

⑶　ほかの物質から酸素を奪う性質を持つもの………………還元剤

⑷　ほかの物質を酸化させる性質を持つもの…………………酸化剤

⑸　ほかの物質を還元させる性質を持つもの…………………還元剤

問題21　次の組合せのうち、燃焼が起こらないものはどれか。

⑴	静電気火花	二硫化炭素	酸素
⑵	衝撃火花	メタン	空気
⑶	ライターの熱	鉄粉	空気
⑷	電気火花	二酸化炭素	酸素
⑸	酸化熱	天ぷらの揚げかす	空気

問題22　金属を粉状にすると、燃焼しやすくなる理由として、次のうち正しいものはどれか。

(1)　熱伝導率が大きくなるから。
(2)　空気との接触面積が大きくなるから。
(3)　熱が拡散するから。
(4)　発熱量が小さくなるから。
(5)　酸素が供給されにくくなるから。

問題23　ある液体危険物の引火点、発火点、燃焼範囲は以下のとおりである。

引火点　−40℃
発火点　300℃
燃焼範囲　1.4 ～ 7.6vol%

次の条件のうち、燃焼を起こさないものはどれか。

(1)　液温が−15℃のとき、液体の表面にマッチの炎を近づける。
(2)　この液体の蒸気10Ｌを含んだ空気との混合気体200Ｌに点火する。
(3)　この液体を100℃まで加熱する。
(4)　380℃の高温体に接触させる。
(5)　この液体の蒸気３Ｌと空気97Ｌの混合気体に点火する。

問題24　動植物油類の自然発火について、次の文の（　　）内のA～Dに当てはまる語句の組合せとして、正しいものはどれか。

「動植物油の自然発火は、油が空気中で（　A　）され、これによって発生した熱が蓄積されて（　B　）に達すると起こる。自然発火は、一般に乾性油のほうが（　C　）、この乾燥のしやすさを、油脂（　D　）に結びつくよう素のグラム数で表したものを『よう素価』という。」

	A	B	C	D
(1)	酸化	引火点	起こりやすく	100g
(2)	酸化	発火点	起こりやすく	100g
(3)	還元	引火点	起こりにくく	10g
(4)	酸化	発火点	起こりにくく	100g
(5)	還元	発火点	起こりにくく	10g

問題25　消火剤に関して、次のA～Eのうち誤っているものの組合せはどれか。

A　たん白泡消火剤は、ほかの泡消火剤と比べて熱に弱いが、発泡性がよい。

B　粉末消火剤は、粉末の粒子を細かくし、単位質量当たりの表面積を増すことによって、燃焼の窒息効果および抑制効果を上げている。

C　強化液消火剤は、木材などの火災の消火後、再び出火することを防止する効果がある。

D　強化液消火剤は、電気火災に対しては、霧状に放射すれば適応性がある。

E　二酸化炭素消火剤は、使用により室内の二酸化炭素濃度が高くなったとしても人体に悪影響を及ぼすことはない。

⑴　A　B　　⑵　A　E　　⑶　B　C　　⑷　C　D　　⑸　D　E

■危険物の性質ならびにその火災予防および消火の方法

問題26　危険物の類ごとの性状として、次のうち誤っているものはどれか。

⑴　第１類の危険物…自分自身は燃焼しない固体である。

⑵　第２類の危険物…着火または引火の危険性がある固体である。

⑶　第３類の危険物…ほとんどが自然発火性と禁水性の両方の性質を有している。

⑷　第５類の危険物…分解し、爆発的に燃焼しやすい物質である。

⑸　第６類の危険物…強酸性の液体である。

問題27　第４類の危険物の性状として、次のうち正しいものはどれか。

⑴　いずれも水に溶けやすい。

⑵　空気といかなる混合割合であっても引火する。

⑶　常温（20℃）において、すべて液体である。

⑷　常温でも、火源があればすべて引火する。

⑸　燃焼範囲の下限値が低いものほど、危険性が小さい。

問題28　第４類の危険物の貯蔵・取扱いの一般的注意事項として、次のうち誤っているものはどれか。

⑴　危険物を取り扱う場所では、みだりに火気を使用しない。

⑵　火気や高熱に危険物を接近させないようにする。

⑶　攪拌や注入はゆっくりと行い、静電気の発生を抑制する。

⑷　引火性の高い危険物を取り扱う場合、人体に蓄積した静電気を除去してから作業する。

⑸　室内で取り扱うときは、湿気のない乾燥した場所で行う。

問題29　第４類の危険物の中には、消火剤として泡を用いる場合、泡が消滅しやすいために、水溶性液体用泡消火剤（耐アルコール泡）を使用しなければならないものがある。次のA～Eのうち、これに該当するものはいくつあるか。

A　ガソリン

B　二硫化炭素

C　エタノール

D　クレオソート油

E　アセトアルデヒド

⑴　１つ　⑵　２つ　⑶　３つ　⑷　４つ　⑸　５つ

問題30　ジエチルエーテルの性状および貯蔵・取扱いの方法として、次のうち誤っているものはどれか。

⑴　引火点が－45℃であり、第４類の危険物のうち最も低い。

⑵　水に溶けず、水より重いので、容器に水を張って蒸気の発生を抑制する。

⑶　無色透明の液体で、蒸気に麻酔性がある。

⑷　沸点は40℃より低い。

⑸　直射日光を避け、冷暗所で保管する。

問題31　自動車ガソリンの性状として、次のうち誤っているものはどれか。

⑴　発火点が低いため、自然発火しやすい。

⑵　引火点は、一般に－40℃以下である。

⑶　燃焼範囲は、1.4～7.6vol%である。

⑷　非水溶性で、水より軽い。

⑸　オレンジ色に着色されている。

問題32　メタノールとエタノールに共通する性状として、次のうち誤っているものはどれか。

(1)　引火点が常温（20℃）より低い。
(2)　燃焼時の炎の色が淡いため、燃えていることが認識しにくい。
(3)　強い毒性を有する。
(4)　飽和1価アルコールである。
(5)　水にも有機溶剤にもよく溶ける。

問題33　灯油の性状として、次のA～Eのうち正しいものはいくつあるか。

A　自然発火しやすい。
B　引火点は、40℃以上である。
C　霧状になって浮遊するときは、火がつきやすい。
D　電気の不導体で、静電気が生じやすい。
E　灯油の中にガソリンを注入しても混ざり合わず、やがて分離する。

(1)　1つ　(2)　2つ　(3)　3つ　(4)　4つ　(5)　5つ

問題34　第4石油類の性状等について、次のうち誤っているものはどれか。

(1)　引火点が第1石油類よりも低い。
(2)　ギヤー油などの潤滑油のほか、可塑剤も含まれている。
(3)　水に溶けず、粘性のある液体である。
(4)　一般に、水よりも軽い。
(5)　火災になった場合は液温が高くなり、消火が困難である。

問題35　次のうち、水に溶けない危険物の組合せはどれか。

(1)	ベンゼン	アセトン
(2)	シリンダー油	グリセリン
(3)	軽油	トルエン
(4)	重油	酸化プロピレン
(5)	二硫化炭素	ピリジン

予想模擬試験　第4回

■危険物に関する法令

問題1　各類の危険物の名称として、次のうち誤っているものはどれか。

(1)　第1類の危険物　酸化性固体
(2)　第2類の危険物　可燃性固体
(3)　第3類の危険物　引火性固体
(4)　第5類の危険物　自己反応性物質
(5)　第6類の危険物　酸化性液体

問題2　法令上、屋内貯蔵所において、次のA～Dの危険物を同時に貯蔵する場合、この屋内貯蔵所が貯蔵している危険物の指定数量の倍数はいくつか。

A　ガソリン……………………400L
B　灯油…………………………500L
C　軽油………………………1,000L
D　重油………………………2,000L

(1)　3.0倍　(2)　3.5倍　(3)　4.0倍　(4)　4.5倍　(5)　5.0倍

問題3　法令上、製造所等の区分について、次のうち正しいものはどれか。

(1)　屋内貯蔵タンクで危険物を貯蔵しまたは取り扱う貯蔵所を、屋内貯蔵所という。
(2)　金属製のドラム缶に直接給油するためにガソリンを取り扱う施設を、給油取扱所という。
(3)　店舗において、容器入りのままで販売するために、指定数量の倍数が30以下の危険物を取り扱う取扱所のことを、第1種販売取扱所という。
(4)　ボイラーで重油等を消費する施設のことを、製造所という。
(5)　地盤面下に埋没されているタンクで危険物を貯蔵しまたは取り扱う貯蔵所のことを、地下タンク貯蔵所という。

問題４　危険物を取り扱う場合、必要となる申請の種類および申請先の組合せとして、次のうち誤っているものはどれか。

	申請の内容	申請の種類	申請先
(1)	製造所等の位置、構造または設備を変更する場合	変更の許可	市町村長等
(2)	製造所等の位置、構造、設備を変更しないで、貯蔵する危険物の品名を変更する場合	変更の許可	市町村長等
(3)	製造所等の変更工事に係る部分以外の部分の全部または一部を、完成検査前に仮に使用する場合	仮使用の承認	市町村長等
(4)	指定数量以上の危険物を、10日以内の期間、製造所等以外の場所で仮に貯蔵する場合	仮貯蔵の承認	所轄消防長または消防署長
(5)	製造所等において、予防規程の内容を変更する場合	変更の認可	市町村長等

問題５　法令上、危険物取扱者についての記述として、次のうち正しいものはどれか。

(1)　給油取扱所において、乙種危険物取扱者が急用で不在となったため、業務内容に詳しい丙種危険物取扱者が立ち会い、危険物取扱者でない従業員が給油を行った。

(2)　屋内貯蔵所において、貯蔵する危険物を灯油からジエチルエーテルに変更したが、従来のまま丙種危険物取扱者が危険物の取扱いを行った。

(3)　一般取扱所で、丙種危険物取扱者が重油を容器に詰め替えた。

(4)　丙種危険物取扱者が１人で移動タンク貯蔵所に乗車して、エタノールの移送を行った。

(5)　ガソリンを貯蔵する屋外タンク貯蔵所で、危険物保安監督者が退職したため、丙種危険物取扱者を危険物保安監督者に選任した。

問題６　法令上、移動タンク貯蔵所における定期点検について、次のうち正しいものはどれか。

(1)　指定数量の倍数が10未満の移動タンク貯蔵所では、定期点検を実施する必要がない。

(2)　重油の貯蔵・取扱いを行う移動タンク貯蔵所では、定期点検を実施する必要がない。

(3)　移動タンク貯蔵所の所有者は、危険物取扱者の免状の交付を受けていなくても、危険物取扱者の立会いなしに定期点検を行うことができる。

(4)　丙種危険物取扱者は、移動タンク貯蔵所の定期点検を行うことができる。

(5)　移動タンク貯蔵所では、定期点検の記録を保存する必要がない。

問題７　危険物保安監督者の選任等に関する次の文の下線部Ａ～Ｄについて、次のうち正しいもののみを掲げている組合せはどれか。

「政令で定める製造所等の所有者等は、甲種危険物取扱者、乙種危険物取扱者または<u>A丙種危険物取扱者</u>のうち、<u>Ｂ６カ月以上</u>危険物取扱作業に従事した経験を有する者の中から危険物保安監督者を選任し、その者が取り扱うことのできる危険物の取扱作業について保安の監督をさせなければならない。また、選任したときは遅滞なく、<u>C所轄消防長または消防署長</u>に<u>D届け出なければならない</u>。」

(1)　A　B　　(2)　A　C　　(3)　B　C　　(4)　B　D　　(5)　C　D

問題８　法令上、製造所等に設置するタンクの容量制限として、次のうち誤っているものはどれか。

(1)	給油取扱所の地下専用タンク	10,000Ｌ以下
(2)	移動タンク貯蔵所（特例基準適用を除く）の移動貯蔵タンク	30,000Ｌ以下
(3)	屋外タンク貯蔵所の屋外貯蔵タンク	容量制限の規定なし
(4)	地下タンク貯蔵所の地下貯蔵タンク	容量制限の規定なし
(5)	簡易タンク貯蔵所の簡易貯蔵タンク	600Ｌ以下

問題9　法令上、次に掲げる製造所等のうち、学校や病院等の建築物等から、一定の距離（保安距離）を保たなければならない旨の規定が設けられていないものはどれか。

(1)　製造所
(2)　給油取扱所
(3)　屋内貯蔵所
(4)　屋外タンク貯蔵所
(5)　一般取扱所

問題10　法令上、免状等に関する説明として、次のうち正しいものはどれか。

(1)　製造所等で危険物の取扱いまたは危険物の取扱いの立会いをするときは、危険物取扱者はその免状を携帯しなければならない。
(2)　危険物取扱者が消防法令に違反している場合、免状を交付した都道府県知事は、その危険物取扱者に免状の返納を命じることができる。
(3)　都道府県知事から危険物取扱者免状の返納を命じられた者は、その日から2年を経過しないと免状の交付が受けられない。
(4)　消防法令に違反して罰金以上の刑に処せられた者は、その執行を終わり、または執行を受けることがなくなった日から1年を経過しないと免状の交付が受けられない。
(5)　危険物取扱者免状は、それを取得した都道府県の地域内だけで有効である。

問題11　製造所等における危険物の貯蔵または取扱いの基準として、次のうち正しいものはどれか。

(1)　危険物のくず、かす等は、1週間に1回以上、当該危険物の性質に応じて安全な場所で廃棄その他適切な処置をすること。
(2)　可燃性の蒸気が滞留している場所において、火花を発する機械器具、工具等を使用する場合は、換気に気をつけること。
(3)　危険物は、海中や水中に流出または投下しないこと。
(4)　焼却による危険物の廃棄は、他に危害を及ぼすおそれが大きいため、行ってはならないこと。
(5)　危険物を保護液中に保存する場合は、当該危険物の一部を露出させておくこと。

問題12　法令上、危険物の貯蔵の技術上の基準について、次のうち正しいものはどれか。

(1)　簡易貯蔵タンクの通気管は、基本的に常時開放しておかなければならない。
(2)　移動貯蔵タンクの底弁は、使用時以外は開放しておかなければならない。
(3)　地下貯蔵タンクの計量口は、計量するとき以外は開放しておかなければならない。
(4)　屋外貯蔵タンクに設けられている防油堤の水抜口は、通常は開放しておかなければならない。
(5)　屋内貯蔵タンクの元弁は、危険物を入れ、または出すとき以外は開放しておかなければならない。

問題13　法令上、危険物の運搬の基準に関する記述として、次のうち誤っているものはどれか。

(1)　運搬容器は、収納口を上方に向けて積載しなければいけない。
(2)　危険物の運搬を行う場合、危険物取扱者の車両への乗車は必要ない。
(3)　運搬容器を積み重ねる高さは、２m以下と定められている。
(4)　運搬容器の材質についても定められている。
(5)　指定数量未満の運搬については、標識と消火設備の設置義務はない。

問題14　移動タンク貯蔵所によるガソリンの移送および取扱いとして、次のＡ～Ｅのうち誤っているものはいくつあるか。

A　移動貯蔵タンクの底弁の点検は、毎回、移送終了後に行う。
B　運転者は危険物取扱者ではないが、免状を携帯した乙種危険物取扱者（第４類）が同乗している。
C　移動貯蔵タンクのガソリンを他のタンクに注入するときは、移動タンク貯蔵所のエンジンを停止させる。
D　免状を携帯した丙種危険物取扱者が、移動タンク貯蔵所を運転している。
E　完成検査済証を、常置場所のある事務所で保管している。

(1)　１つ　　(2)　２つ　　(3)　３つ　　(4)　４つ　　(5)　５つ

問題15　法令上、製造所等が市町村長等から使用停止を命じられる事由に該当しないものは、次のうちどれか。

(1)　危険物保安監督者を選任したが、市町村長等への届出をしなかった。
(2)　完成検査を受けずに、製造所等を使用していた。
(3)　定期点検をしなければならない製造所等が、法定期間内に定期点検を実施しなかった。
(4)　危険物の貯蔵または取扱いの基準遵守命令に違反した。
(5)　危険物保安監督者の解任命令に違反した。

■基礎的な物理学および基礎的な化学

問題16　次の燃焼に関する説明として、誤っているものはどれか。

(1)　硫黄は、融点が発火点よりも低いため、加熱されて融解し、さらに蒸気を発生しその蒸気が燃焼する。これを分解燃焼という。
(2)　エタノールは、液面から蒸気を発生しその蒸気が燃焼する。これを蒸発燃焼という。
(3)　石炭は、熱分解により可燃性ガスが発生しそのガスが燃焼する。これを分解燃焼という。
(4)　木炭は、熱分解や気化を起こすことなく、そのまま高温状態となって燃焼する。これを表面燃焼という。
(5)　ニトロセルロースは、分子内に酸素を含有していて、その酸素が燃焼に使われる。これを内部（自己）燃焼という。

問題17　可燃性液体の危険性は、その物質の物理的・化学的性質により物性の数値の大小によって判断できる。次のうち、数値が大きいほど危険性が高くなるものはどれか。

(1)　引火点
(2)　発火点
(3)　燃焼範囲の下限値
(4)　最小着火エネルギー
(5)　火炎伝播速度

問題18　静電気に関する説明として、次のうち正しいものはどれか。

(1)　液体危険物相互を容器の中で攪拌したり、液体危険物をパイプの中に流したりするときにも静電気は発生する。
(2)　導電性が低い物質は、導電性が高い物質よりも静電気を蓄積しにくい。
(3)　静電気の放電火花が可燃性蒸気の点火源になることはない。
(4)　一般的に、合成樹脂は摩擦などによって静電気が発生しにくい。
(5)　液体危険物が長時間日光にさらされたりすると、帯電しやすい。

問題19　単体、化合物および混合物の組合せとして、次のうち正しいものはどれか。

	単体	化合物	混合物
(1)	水	二酸化炭素	空気
(2)	酸素	メタン	ガソリン
(3)	鉄	灯油	重油
(4)	プロパン	希硫酸	砂糖水
(5)	炭素	エタノール	食塩

問題20　鋼製の配管を埋設した場合、次のうち最も腐食しにくいものはどれか。

(1)　鉄製の配管に、アルミニウムや亜鉛を接続して埋設する。
(2)　塩分が多量に存在する場所に埋設する。
(3)　乾いた土壌と湿った土壌の境に埋設する。
(4)　直流駆動電車の軌道に近い土壌に埋設する。
(5)　中性化の進んだコンクリートの中に埋設する。

問題21　次の物質のうち、可燃物または酸素供給源のいずれにも該当しないものはどれか。

(1)　水素
(2)　プロパン
(3)　一酸化炭素
(4)　過酸化水素
(5)　窒素

問題22　ある物質の反応速度が10℃上昇するごとに２倍になるとすると、10℃から60℃になった場合の反応速度の倍数として、次のうち正しいものはどれか。

(1)　6倍
(2)　16倍
(3)　32倍
(4)　64倍
(5)　128倍

問題23　ある液体危険物の蒸気を、空気100Ｌと混合させ、その均一な混合気体に電気火花を発した場合、燃焼可能となる蒸気の体積は次のうちどれか。ただし、この液体危険物の燃焼範囲は、以下のとおりとする。

上限値6.0 vol%
下限値1.1 vol%

(1)　1（L）
(2)　2（L）
(3)　10（L）
(4)　15（L）
(5)　20（L）

問題24　消火に関する次の文の（　　）内のＡ～Ｃに当てはまる語句の組合せとして、正しいものはどれか。

「空気中には約（　Ａ　）の酸素が含まれているが、この酸素濃度を燃焼に必要な濃度以下にする消火方法を（　Ｂ　）という。物質の種類によって燃焼に必要とされる限界酸素濃度は異なるが、一般に石油類では、二酸化炭素を添加して消火する場合、酸素濃度を（　Ｃ　）以下にすると燃焼が停止する。」

	A	B	C
(1)	21%	窒息消火	14%
(2)	78%	除去消火	4%
(3)	21%	抑制消火	4%
(4)	21%	窒息消火	24%
(5)	78%	抑制消火	14%

問題25　酸素の性状等について、次のうち誤っているものはどれか。

(1)　無色無臭の気体である。

(2)　実験室では、触媒を利用して過酸化水素を分解してつくられる。

(3)　一部の貴金属、窒素、希ガス元素を除き、ほとんどの元素と反応する。

(4)　酸素の同素体であるオゾンは、酸素と性状がほぼ同一である。

(5)　水は、酸素と水素の化合物である。

■危険物の性質ならびにその火災予防および消火の方法

問題26　危険物の類ごとの性状として、次のうち正しいものはどれか。

(1)　第１類の危険物は、酸化性の液体である。

(2)　第２類の危険物は、可燃性の固体である。

(3)　第３類の危険物は、可燃性の液体である。

(4)　第５類の危険物は、引火性の固体である。

(5)　第６類の危険物は、不燃性の固体である。

問題27　第４類の危険物の一般的性状として、次のうち正しいものはどれか。

(1)　引火点が高いものほど、引火の危険性が大きい。

(2)　酸素を含有している化合物である。

(3)　蒸気比重が１より大きいものが多い。

(4)　水よりも沸点が高いものはない。

(5)　液比重が１より大きい。

問題28　第４類の危険物の貯蔵・取扱いの方法について、次のＡ～Ｅのうち正しいもののみを掲げている組合せはどれか。

A　取扱作業に従事する作業者の靴と着衣は、絶縁性のある合成繊維のものを着用すること。

B　容器に収納する場合は、容器に通気孔を開けておくこと。

C　引火点の低い物質を屋内で取り扱う場合は、換気を十分に行うこと。

D　屋内の可燃性蒸気の滞留するおそれのある場所では、その蒸気を屋外の地表に近い部分に排出すること。

E　可燃性の蒸気が滞留しやすい場所に設ける電気設備は、防爆構造のものとすること。

(1)　A　B　　(2)　A　D　　(3)　B　C　　(4)　C　E　　(5)　D　E

問題29　ガソリン火災の消火方法について、次のうち誤っているものはどれか。

(1)　霧状放射の強化液は、効果的である。
(2)　水は、棒状放射でも霧状放射でも効果的でない。
(3)　ハロゲン化物消火剤は、効果的でない。
(4)　二酸化炭素消火剤は、効果的である。
(5)　泡消火剤は、効果的である。

問題30　特殊引火物について、次のうち誤っているものはどれか。

(1)　発火点は、すべて100℃以下である。
(2)　アセトアルデヒドと酸化プロピレンは、水溶性である。
(3)　ジエチルエーテルは、引火点がきわめて低い。
(4)　二硫化炭素は、非水溶性であり、かつ水よりも重い。
(5)　アセトアルデヒドは、燃焼範囲が非常に広い。

問題31　アセトンの性状として、次のうち誤っているものはどれか。

(1)　揮発性が高い。
(2)　特有の臭気を有する。
(3)　無色透明の液体である。
(4)　水によく溶ける。
(5)　アルコールには溶けない。

問題32　灯油と軽油に共通する性状として、次のA～Eのうち、正しいものはいくつあるか。

A　水に溶けない。
B　引火点は常温（20℃）より高い。
C　水より重い。
D　発火点は100℃より低い。
E　蒸気は空気より重い。

(1)　1つ　　(2)　2つ　　(3)　3つ　　(4)　4つ　　(5)　5つ

問題33　アクリル酸の性状として、次のうち正しいものはどれか。

(1)　無色透明の液体で、無臭である。
(2)　重合しやすく、重合熱が大きいので、発火・爆発の恐れがある。
(3)　水にもアルコールにも溶けない。
(4)　融点がおよそ14℃なので、凝固しにくい。
(5)　液比重も蒸気比重も１より小さい。

問題34　重油の性状として、次のうち誤っているものはどれか。

(1)　水に溶ける。
(2)　水より軽い。
(3)　日本産業規格では、１種（A重油）、２種（B重油）および３種（C重油）に分類されている。
(4)　発火点は100℃より高い。
(5)　１種および２種の重油の引火点は60℃以上である。

問題35　次のうち、常温（20℃）において、点火源を与えるだけで引火の危険性がある危険物のみを掲げているものはどれか。

(1)	灯油	ガソリン	メタノール
(2)	エタノール	軽油	酸化プロピレン
(3)	ベンゼン	ジエチルエーテル	重油
(4)	シリンダー油	トルエン	クレオソート油
(5)	二硫化炭素	アセトン	アセトアルデヒド

キリトリセン

予想模擬試験〈第１回〉

〈マーク記入例〉

よい例 ●	悪い例	小さい ⊙	レ点	直線	薄い

乙種

月　　日
東京都
山田一郎

E	□	－	□	□	□	□
	①		①	①	①	①
	②		②	②	②	②
	③		③	③	③	③
	④		④	④	④	④
	⑤		⑤	⑤	⑤	⑤
	⑥		⑥	⑥	⑥	⑥
	⑦		⑦	⑦	⑦	⑦
	⑧		⑧	⑧	⑧	⑧
	⑨		⑨	⑨	⑨	⑨
	⓪		⓪	⓪	⓪	⓪

法令

1	2	3	4	5	6	7	8	9	10	11	12	13	14	15
①	①	①	①	①	①	①	①	①	①	①	①	①	①	①
②	②	②	②	②	②	②	②	②	②	②	②	②	②	②
③	③	③	③	③	③	③	③	③	③	③	③	③	③	③
④	④	④	④	④	④	④	④	④	④	④	④	④	④	④
⑤	⑤	⑤	⑤	⑤	⑤	⑤	⑤	⑤	⑤	⑤	⑤	⑤	⑤	⑤

物理・化学

16	17	18	19	20	21	22	23	24	25
①	①	①	①	①	①	①	①	①	①
②	②	②	②	②	②	②	②	②	②
③	③	③	③	③	③	③	③	③	③
④	④	④	④	④	④	④	④	④	④
⑤	⑤	⑤	⑤	⑤	⑤	⑤	⑤	⑤	⑤

性質・消火

26	27	28	29	30	31	32	33	34	35
①	①	①	①	①	①	①	①	①	①
②	②	②	②	②	②	②	②	②	②
③	③	③	③	③	③	③	③	③	③
④	④	④	④	④	④	④	④	④	④
⑤	⑤	⑤	⑤	⑤	⑤	⑤	⑤	⑤	⑤

①マーク記入例の「よい例」のようにマークしてください。
②カードには、ＨＢかＢの鉛筆を使ってマークしてください。
③訂正するときは、消しゴムできれいに消してください。
④カードを、折り曲げたり、よごしたりしないでください。
⑤カードの、必要のない所にマークしたり、記入したりしないでください。

予想模擬試験〈第２回〉

〈マーク記入例〉

よい例	悪い例				
●	小さい ⊙	レ点	直線	薄い	

乙種

月　　日
東京都
山田一郎

E		－			
	①		①	①	①	①
	②		②	②	②	②
	③		③	③	③	③
	④		④	④	④	④
	⑤		⑤	⑤	⑤	⑤
	⑥		⑥	⑥	⑥	⑥
	⑦		⑦	⑦	⑦	⑦
	⑧		⑧	⑧	⑧	⑧
	⑨		⑨	⑨	⑨	⑨
	⓪		⓪	⓪	⓪	⓪

法令

1	2	3	4	5	6	7	8	9	10	11	12	13	14	15
①	①	①	①	①	①	①	①	①	①	①	①	①	①	①
②	②	②	②	②	②	②	②	②	②	②	②	②	②	②
③	③	③	③	③	③	③	③	③	③	③	③	③	③	③
④	④	④	④	④	④	④	④	④	④	④	④	④	④	④
⑤	⑤	⑤	⑤	⑤	⑤	⑤	⑤	⑤	⑤	⑤	⑤	⑤	⑤	⑤

物理・化学

16	17	18	19	20	21	22	23	24	25
①	①	①	①	①	①	①	①	①	①
②	②	②	②	②	②	②	②	②	②
③	③	③	③	③	③	③	③	③	③
④	④	④	④	④	④	④	④	④	④
⑤	⑤	⑤	⑤	⑤	⑤	⑤	⑤	⑤	⑤

性質・消火

26	27	28	29	30	31	32	33	34	35
①	①	①	①	①	①	①	①	①	①
②	②	②	②	②	②	②	②	②	②
③	③	③	③	③	③	③	③	③	③
④	④	④	④	④	④	④	④	④	④
⑤	⑤	⑤	⑤	⑤	⑤	⑤	⑤	⑤	⑤

①マーク記入例の「よい例」のようにマークしてください。
②カードには、ＨＢかＢの鉛筆を使ってマークしてください。
③訂正するときは、消しゴムできれいに消してください。
④カードを、折り曲げたり、よごしたりしないでください。
⑤カードの、必要のない所にマークしたり、記入したりしないでください。

キリトリセン

予想模擬試験〈第３回〉

〈マーク記入例〉

よい例 ●	悪い例	小さい ⊙	レ点	直線	薄い

乙種

月　　日
東京都
山田一郎

E	□	—	□	□	□	□
	①		①	①	①	①
	②		②	②	②	②
	③		③	③	③	③
	④		④	④	④	④
	⑤		⑤	⑤	⑤	⑤
	⑥		⑥	⑥	⑥	⑥
	⑦		⑦	⑦	⑦	⑦
	⑧		⑧	⑧	⑧	⑧
	⑨		⑨	⑨	⑨	⑨
	⓪		⓪	⓪	⓪	⓪

法令

1	2	3	4	5	6	7	8	9	10	11	12	13	14	15
①	①	①	①	①	①	①	①	①	①	①	①	①	①	①
②	②	②	②	②	②	②	②	②	②	②	②	②	②	②
③	③	③	③	③	③	③	③	③	③	③	③	③	③	③
④	④	④	④	④	④	④	④	④	④	④	④	④	④	④
⑤	⑤	⑤	⑤	⑤	⑤	⑤	⑤	⑤	⑤	⑤	⑤	⑤	⑤	⑤

物理・化学

16	17	18	19	20	21	22	23	24	25
①	①	①	①	①	①	①	①	①	①
②	②	②	②	②	②	②	②	②	②
③	③	③	③	③	③	③	③	③	③
④	④	④	④	④	④	④	④	④	④
⑤	⑤	⑤	⑤	⑤	⑤	⑤	⑤	⑤	⑤

性質・消火

26	27	28	29	30	31	32	33	34	35
①	①	①	①	①	①	①	①	①	①
②	②	②	②	②	②	②	②	②	②
③	③	③	③	③	③	③	③	③	③
④	④	④	④	④	④	④	④	④	④
⑤	⑤	⑤	⑤	⑤	⑤	⑤	⑤	⑤	⑤

①マーク記入例の「よい例」のようにマークしてください。
②カードには、ＨＢかＢの鉛筆を使ってマークしてください。
③訂正するときは、消しゴムできれいに消してください。
④カードを、折り曲げたり、よごしたりしないでください。
⑤カードの、必要のない所にマークしたり、記入したりしないでください。

予想模擬試験〈第４回〉

〈マーク記入例〉

よい例 ●	悪い例	小さい ⊙	レ点	直線	薄い

乙種

月　　日
東京都
山田一郎

E		–			
	①		①	①	①	①
	②		②	②	②	②
	③		③	③	③	③
	④		④	④	④	④
	⑤		⑤	⑤	⑤	⑤
	⑥		⑥	⑥	⑥	⑥
	⑦		⑦	⑦	⑦	⑦
	⑧		⑧	⑧	⑧	⑧
	⑨		⑨	⑨	⑨	⑨
	⓪		⓪	⓪	⓪	⓪

法令

1	2	3	4	5	6	7	8	9	10	11	12	13	14	15
①	①	①	①	①	①	①	①	①	①	①	①	①	①	①
②	②	②	②	②	②	②	②	②	②	②	②	②	②	②
③	③	③	③	③	③	③	③	③	③	③	③	③	③	③
④	④	④	④	④	④	④	④	④	④	④	④	④	④	④
⑤	⑤	⑤	⑤	⑤	⑤	⑤	⑤	⑤	⑤	⑤	⑤	⑤	⑤	⑤

物理・化学

16	17	18	19	20	21	22	23	24	25
①	①	①	①	①	①	①	①	①	①
②	②	②	②	②	②	②	②	②	②
③	③	③	③	③	③	③	③	③	③
④	④	④	④	④	④	④	④	④	④
⑤	⑤	⑤	⑤	⑤	⑤	⑤	⑤	⑤	⑤

性質・消火

26	27	28	29	30	31	32	33	34	35
①	①	①	①	①	①	①	①	①	①
②	②	②	②	②	②	②	②	②	②
③	③	③	③	③	③	③	③	③	③
④	④	④	④	④	④	④	④	④	④
⑤	⑤	⑤	⑤	⑤	⑤	⑤	⑤	⑤	⑤

①マーク記入例の「よい例」のようにマークしてください。
②カードには、ＨＢかＢの鉛筆を使ってマークしてください。
③訂正するときは、消しゴムできれいに消してください。
④カードを、折り曲げたり、よごしたりしないでください。
⑤カードの、必要のない所にマークしたり、記入したりしないでください。

MEMO